U0143616

iLike 职场 3ds Max 2011+VRay 效果图制作完美实现

何登旭　臧柏齐　等编著

电子工业出版社

Publishing House of Electronics Industry

北京·BEIJING

内 容 简 介

　　本书是一本讲解如何使用 VRay 渲染出超写实效果图的图书，书中既有对 VRay 软件技术较为全面的讲解，更有大量丰富的案例，用于展示如何在渲染过程中使用 VRay 来制作逼真的效果图。本书面向的是已经具有初级 3ds Max 软件操作基础的读者，通过学习本书，希望读者能够掌握面对不同渲染任务时，如何设置合理的材质、如何进行布光、如何调整渲染参数、如何进行后期优化等。

　　本书特别适合希望快速在建筑效果图渲染方面提高的人员阅读，也可以作为各大中专院校或培训班相关课程的教学用书。

图书在版编目（CIP）数据

3ds Max 2011+VRay 效果图制作完美实现 / 何登旭等编著. —北京：电子工业出版社, 2011.10
（iLike 职场）

ISBN 978-7-121-14657-2

Ⅰ. ①3… Ⅱ. ①何… Ⅲ. ①三维动画软件，3DSMAX 2011、VRay Ⅳ. ①TP391.41

中国版本图书馆 CIP 数据核字（2011）第 193961 号

责任编辑：李红玉
印　　刷：三河市鑫金马印装有限公司
装　　订：
出版发行：电子工业出版社
　　　　　北京市海淀区万寿路 173 信箱　邮编：100036
　　　　　北京市海淀区翠微东里甲 2 号　邮编：100036
开　　本：787×1092　1/16　印张：19.5　字数：496 千字
印　　次：2011 年 10 月第 1 次印刷
定　　价：39.00 元

凡所购买电子工业出版社图书有缺损问题，请向购买书店调换。若书店售缺，请与本社发行部联系。联系及邮购电话：（010）88254888。

质量投诉请发邮件至 zlts@phei.com.cn，盗版侵权举报请发邮件至 dbqq@phei.com.cn。

服务热线：（010）88258888。

前　言

制作效果图要追求一种基于真实的美感，也就是说效果图首先要真实，要通过效果图向客户反映出空间的真实效果，以利于客户判断设计的效果；其次，效果图必须要有漂亮的画面，这种漂亮可以超越真实，例如精致的饰品、纯净的材质，这些都可以营造出漂亮的效果图画面，以获得客户在视觉方面的肯定。另外，效果图还要全面反映设计师的设计理念，因此效果图制作人员必须学会读图，了解设计师的真实意图。

要提升效果图的制作水平，制作人员首先要学会欣赏美丽，培养自己塑造画面美感的能力，学会模仿高手的光线、视角运用方法；然后，就是多做测试、多做练习，深入理解每一种不同的光线、每一个渲染参数，能够使效果图发生怎样的变化，同时认真观察周围的事物，理解真实的光影关系、材质表象等，并将这些知识、心得运用在效果图制作过程中，使一切变得有法可依。

本书正是一本全面讲解如何使用 VRay 渲染技术的书籍，面向的是已经具有初级 3ds Max 软件操作基础的读者，通过学习本书，希望读者将能够掌握面对不同渲染任务时，如何设置合理的材质、如何进行布光、如何调整渲染参数、如何进行后期优化等。

与市场同类图书相比，本书具有以下特点：

● 内容全面。本书不仅对 VRay 软件技术进行了全面讲解，还列举了丰富的案例供读者学习。

● 空间丰富。本书涉及建筑设计行业的方方面面，既包含室内空间表现，又包含室外空间表现，既有不同风格的家居空间表现，又有各种类型的工装空间表现。

本书共包括 11 章内容，10 个完整的场景案例。第 1 章主要对 VRay 的基础参数进行讲解，全面而深入地诠释了 VRay 的材质、灯光、阴影控制参数，是各位读者学习 VRay、提高制作效果图水平的理论学习基础。第 2 至 11 章为全书案例教学部分，书中既有室内家居空间的表现案例，也有室内工装的表现案例，最后一章还特别讲解了室外建筑的渲染制作步骤。

本书写作时使用的软件版本是 3ds Max 2011 中文版，操作系统为 Windows XP sp2，VRay 版本为 VRay 1.5 SP4，因此希望各位读者在学习时配置与笔者相同的软件环境，以降低出现问题的可能性。

本书是集体劳动的结晶，参与本书编写的人员如下：雷剑、吴腾飞、雷波、左福、范玉婵、刘志伟、李美、邓冰峰、詹曼雪、黄正、孙美娜、刑海杰、刘小松、陈红艳、徐克沛等。

为方便读者阅读，若需要本书配套资料，请登录"北京美迪亚电子信息有限公司"（http://www.medias.com.cn），在"资料下载"页面进行下载。

前　言

目　录

第1章 基础理论

1.1 认识效果图行业

1.1.1 效果图行业的发展

随着近些年中国的建筑行业的迅猛发展，建筑三维设计也如雨后春笋般发展起来，而且随着从业人员的增多，效果图制作工作也成为广大爱好者所向往的工作。

我们首先来回顾一下国内的效果图行业发展情况。

1. 初始阶段

大概在 20 世纪 90 年代中期，国内先后出现了几家从事效果图制作的公司。这些公司的创始人在大学时都是学习建筑设计，且本身喜欢三维效果制作。受当时的电脑软硬件条件限制，制作一张图需要好几天时间，所以制作的水平也没想象中的好，但是，因为这些人都是学建筑设计出身，在学校中学过用水彩或水粉画建筑效果图，所以这个时期的效果图制作者比较喜欢有画风的作品，而且比较讲究构图及画面元素的处理。

2. 发展阶段

从 20 世纪 90 年代末开始，效果图行业得到了很大的发展，这个时期电脑软硬件也在飞速发展，从业人员开始追求写实风格。本时期效果图的从业者基本上还是以学建筑设计及相关行业的人居多，很多本科毕业生开始从事这项工作，这也造成了行业的大发展。

这个时期，效果图制作越来越追求真实感，也有一些其他风格的作品出现。杂志、网站也对效果图发展起到了促进作用。效果图从业人员及效果图制作公司本时期都取得了很大进步，效果图制作公司也渐渐多了起来。

3. 调整阶段

进入 21 世纪以来，随着从业人员的数量越来越多，效果图制作行业在持续发展中。由于门槛的降低，很多学历较低的人员进入了这个行业，批量化生产的概念也进入了人们的思想。这个时期，建筑三维设计也进入了一个百家争鸣的时代，效果图制作公司开始思考转型。很多公司开始大力发展建筑动画，以及比较专业的虚拟现实。

这个时期，效果图继续追求真实感，很多公司也强调风格化，加入本公司的一些风格特点。特别是软件的发展，渲染器的进步，使得追求真实感变得越来越容易。

这个时期，国外的一些设计公司开始找国内的公司制作效果图，也促进了我国效果图行业的发展。如图 1.1 所示为近几年一些电脑效果图高手的超强效果表现。

1.1.2 效果图行业的前景

谈到效果图行业的前景，不得不跟我国建筑装饰市场的繁荣联系在一起。我国是全球最大的建筑市场，因此也成为最大的建筑设计市场，所以效果图行业的发展也是最迅猛的。有建筑装饰设计的存在，也就不能离开效果图表现，所以效果图的前景还是很不错的。

但是，由于现在效果图从业人员的专业水平参差不齐，以及效果图行业大发展造成客户的眼界提高，所以制作一张成功的效果图作品还是比较难的。特别是现在修改设计的程度越来越大，时间越来越紧，客户越来越挑剔，使得效果图制作这个工作干起来越来越难。

图 1.1

　　虽然门槛的降低使得从业人员越来越多，导致更多的效果图制作公司出现，竞争越来越激烈，但是客户还是希望能够与一个有想法的从业人员合作，所以，追求个人特点、公司特点成为从业人员的努力目标。

1.1.3　如何进入效果图表现行业

　　有很多爱好者为了进入效果图表现行业，采取了进培训班学习的途径。这可以促使大家有一个系统的学习过程，可以让大家尽快地了解软件的使用方法。但是"师傅领进门，修行靠个人"，要想进入这个行业，往往还得在效果图制作公司实习几个月到几年时间，才能真正地掌握这个工作的特点。所以，自学也是一个非常重要的过程。

　　对于这个行业，软件的使用是最基本的，掌握了软件，如何真正了解建筑的知识，能够准确地理解设计师的图纸、设计师的意图，才是进入这个行业的难点。

　　这就需要我们多练、多思考，在制作过程中，掌握建筑及装饰设计的一些基本构造，才能真正理解效果图工作，才算真正进入了这个领域。

1.1.4　如何成为效果图制作高手

　　成为效果图制作高手，这是每一个进入这个行业的人的理想，怎样成为一个高手，这是每个人都需要思考的问题。虽然，这些与个人的美术功底、个人的审美能力息息相关，但是怎样提高个人的素质呢？

　　这就需要一些途径。比较简单的方法是多练、多模仿，模仿那些精品图，思考其制作思想，真正掌握怎样制作出一张好图。模仿是一条捷径，就是很多成熟的工作者，也会经常模仿他人。另外，多与设计师交流，与高手交流，也是一个提高自身素质的途径。

　　所以，要成为一个制作高手，必须去多练、多交流，从提高自身素质出发，熟练掌握软件的使用，这样才能制作出好的作品。

1.1.5　效果图相关制作软件

1. AutoCAD

　　AutoCAD 是一款建筑制图软件，是一种矢量的平面软件。它主要用来制作工程图纸，虽然图中都是二维的线条，但是能如实表达建筑师的思想。图 1.2 所示为 Auco CAD 的启动界面。

在建筑三维设计中，早期也有用 AutoCAD 来建立三维模型的，但随着 3ds Max 的出现，这些人也从 AutoCAD 转到了 3ds Max，因为 AutoCAD 对于三维的制作还是有很多问题的。

在效果图表现行业，AutoCAD 是一个必备的辅助软件。我们利用它与 3ds Max 的良好文件转换功能，将图纸转换到 3ds Max 中，从而能够准确地搭建模型。

2．Photoshop

Photoshop 是 Adobe 公司发行的一款著名的图像处理软件，在业内享有很高的声誉，在建筑三维设计中，很多地方会用到该软件。一般在效果图制作的后期合成中，我们把 3ds Max 渲染出来的静态通道图片，在 Photoshop 中添加环境，把建筑融入环境中，完成一幅完整的图像。此外，我们还可以在 Photoshop 中修改 3ds Max 材质贴图，也可以在 Photoshop 中手绘贴图。图 1.3 所示为 Photoshop 的启动界面。

图 1.2

图 1.3

3．3ds Max

3ds Max 是效果图表现的核心软件，几乎所有工作都是围绕它来进行的。3ds Max 是一款功能强大的三维图像及动画制作软件，建筑三维设计其实只是运用了 3ds Max 的一些基本和常用的功能，但是，就是这些最基本、最常用的功能就可以使你成功进入建筑三维设计工作领域。图 1.4 所示为 3ds Max 的启动界面。

4．VRay

在渲染方面，当前最流行的软件就是 VRay，此软件以其独到的渲染表现功能受到广大用户的青睐。图 1.5 所示为 VRay 的启动界面。

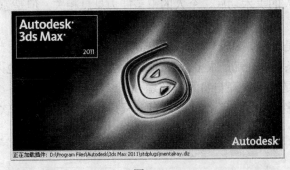

图 1.4

图 1.5

总之，要学好建筑三维设计，首先要学好三维制作软件，最重要的就是 3ds Max，其他的一些相关软件也必须熟悉，这样才能顺利地走进这个工作领域。但是，仅仅学会使用软件是远远不够的，还得提高自身素质，提升审美水平，这样才能更快地成为建筑三维设计的高手。

1.2 效果图制作流程

效果图制作行业已经发展到一个非常成熟的阶段，无论是制作室内效果图还是室外效果图，都有了一个模式化的操作流程，这也是能够细分出专业的建模师、渲染师、灯光师、后期制作师等岗位的原因之一。对于每一个效果图制作人员而言，正确的流程能够保证效果图的制作效率与质量。

在详细讲解效果图制作流程之前，我们通过如图 1.6 所示的四幅图展现了一个使用 VRay 渲染器制作室内效果图的完整过程。虽然这里展示的是一个室内空间效果图的渲染制作过程，但实际上室外效果图的渲染制作过程也基本类似。

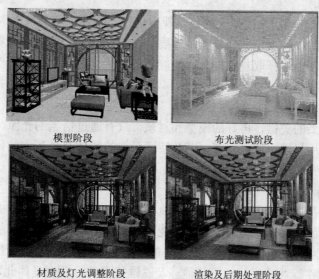

模型阶段　　　　　　　　　　布光测试阶段

材质及灯光调整阶段　　　　　渲染及后期处理阶段

图 1.6

1. 方案平面图阶段

在创建三维效果图前，效果图制作人员应该设计方案平面图。方案平面图可能是设计师设计的 CAD 平面图，也可能是客户拿来的平面图纸，或是自己绘制的 CAD 平面图。有了平面图后，首先要熟悉这个方案的空间尺寸，并快速地在脑海中呈现出来；然后理解空间的布局、空间的风格，进一步构想在软件中应该如何运用灯光、材质、造型、色彩去表现这个设计方案。

2. 准备素材

在理解整个场景的布局和风格后，在制作效果图前，先要收集场景中所需要的素材模型、贴图和光域网文件，以备作图的过程中使用。在作图的过程中，建模是最基础的工作，如果场景中的部分模型可以使用素材模型库中的模型，就不用再去创建了，这样可以提高工作效率。例如，沙发、简单桌子、浴室中的浴缸等常规模型实际上无需在每一次制作效果图时重新制作，只需要调用现有的模型即可。

目前市场上有销售成套的模型库，搜集并整理出自己常用的模型库，对于每一个效果图制作人员而言都很有用。

3. 创建模型前的尺寸设置

在 3ds Max 中创建模型，虽然是在虚拟空间中创建模型，但也应该与在现实生活中建造房屋一样，一定要有精确的尺寸。要为创建的模型赋予精确的尺寸，要为场景设置统一的单位。

通常我们将场景和系统的单位设置为"毫米"，使场景中所创建的模型以毫米为单位来表示，例如 1 米在场景中将表示为 1000mm。

4. 创建模型

设置完场景尺寸后，便可以在场景中开始创建模型了，在 3ds Max 中创建模型，一定要注意创建模型的规范。

不同的人有不同的建模方法，其中对于某些简单的小空间可以使用若干个 BOX 按尺寸与比例堆放在一起，从而形成基本空间；对于复杂一些的空间可以将 CAD 平面图导入 3ds Max 中，在其基础上进行基本空间的创建。本书中就不再详细讲解模型的创建部分，大家可以通过其他的书籍或途径找到适合自己的建模方法。

5. 架设摄影机

3ds Max 中的摄影机用来模拟人的视角观察场景，同使用照相机取景的原理是一样的。

一幅好的效果图，其视角选择是非常重要的，在 3ds Max 中，摄影机的使用可以更灵活，它不但可以不受限制地选择取景角度，而且能通过"手动剪切"功能，穿过遮挡物进行取景。

如果需要从不同的角度对效果图进行渲染，可以在软件中创建几个摄影机。

6. 初步布置灯光

灯光是照亮场景的关键，再好的模型和材质，只有通过恰当的光照，才能够表现出来。前期的灯光布置的作用只限于照亮场景，以及使场景中的物体有最基本的体量关系。具体的灯光布置要在材质制作完毕以后进行。

7. 赋予材质

材质是体现模型质感和效果的关键，在真实世界中，诸如石块、木板、玻璃等物体表面的纹理、透明性、颜色、反光性能等不同，才能在人眼中呈现出丰富多彩的物体。因此，光有模型是不够的，只有为模型赋予了材质，模型才能变得更加逼真，最终的渲染效果看上去才可信，不仅对于效果图制作行业这样，对于其他涉及三维技术的行业也是如此，如图 1.7 所示为未赋材质及赋予材质后的效果。

图 1.7

8. 最终布置灯光

场景赋予材质后再进行灯光布置，这样才能真实地反映不同材质对灯光进行吸收和反弹后整个场景的真实灯光效果。

通过设置不同效果的灯光，可以为场景制造不同的气氛。如图 1.8 所示的两张图片，其场景模型完全相同，但由于灯光的设置不同，得到了一张表现日景、一张表现夜景的不同的场景效果。

图 1.8

即使同样在白天，通过运用不同的灯光颜色与光照强度，也可以模拟出正午与日落两种不同的效果，灯光运用得是否到位与最终得到的效果图的质量有很大的关系，一张好的效果图模型可以不漂亮，但灯光一定要自然、逼真，这样才可以"骗"过欣赏者的眼光。

9. 渲染

目前，包括 3ds Max 自身的扫描线渲染器及 Mental ray 在内，市面上提供了很多用于渲染的软件，例如 Lightscape、VRay、巴西渲染器等，不同的渲染器渲染得到的效果也不一样，如图 1.9 所示为使用 3ds Max 自身的扫描线渲染器渲染的场景效果，如图 1.10 所示为使用 VRay 渲染器渲染的场景效果。

图 1.9　　　　　　　　　　　　　　图 1.10

可以看出，使用 3ds Max 自身的扫描线渲染器得到的场景光照效果有些生硬，而使用 VRay 渲染器渲染的场景光照效果就生动了许多。如果要对渲染速度与渲染质量折中考虑，VRay 渲染器无疑是更好的选择。

10. 后期处理

后期处理的工作是对场景效果进行优化与丰富，弥补渲染后的不足之处，主要是调整效果图的颜色、光感及配景。以前使用 Lightscap 渲染器渲染时为了提高渲染速度，节约渲染时间，通常一些配景都是在后期处理时添加的图片。

添加过多配景或者配景的明暗、角度调整不好就会使整体画面显得不真实。使用 VRay 渲染器可以直接在场景中添加各种配景模型，渲染速度也不会受到很大影响，渲染出的图片既丰富又真实，后期处理就变得更加简单，只需要对整体效果进行调整。

1.3　VRay 渲染器简介

VRay 渲染器是由 Chaogroup 公司开发的，其内核采用了运算速度较快的 Quasi-Monte Carlo 算法。同样的灯光场景下，VRay 渲染器的渲染速度是扫描线渲染器的两倍，而且效果也更为精致。近年来，VRay 已经凭借其专业的全局照明系统、精确的光影跟踪等功能成为最受欢迎的渲染插件之一。

VRay 的全局照明（Global Illumination）中附加了一个非常引人注目的功能 Irradiance Map（发光贴图）。这个功能可以将全局照明的计算数据以贴图的形式来渲染，通过智能分析、缓冲和插补，Irradiance Map（发光贴图）可以既快又好地达到全局照明的渲染结果。

近年来 VRay 渲染器的用户以几何级倍数增多，VRay 渲染器也被广泛应用于建筑效果图、电影、游戏等领域。图 1.11 中展示的 VRay 作品，均为渲染高手们使用此插件所创作的。

图 1.11

提示：由于 VRay 渲染器涉及较多参数及选项，且非本书重点，因此本章仅讲解关于此渲染器的重点部分，更详细的示例与参数讲解，请参看其他相关书籍。

1.4 设置 VRay 渲染器

本书案例全部采用功能比较完善的 V-Ray Adv 1.50.SP4 版本和 3ds Max 2011 中文版制作，因为 3ds Max 在渲染时使用的是自身默认的渲染器，所以要手动设置 VRay 渲染器为当前渲染器，具体操作步骤如下：

（1）首先确定已经正确安装了 VRay 渲染器，打开 3ds Max 2011，在工具栏中单击 🎬（渲染设置）按钮，打开"渲染设置"对话框，此时"公用"面板的"指定渲染器"卷展栏中正在使用的渲染器类型为"默认扫描线渲染器"，如图 1.12 所示。

（2）单击"产品级"文本框后面的 ⋯ 按钮，弹出"选择渲染器"对话框，在这个对话框中可以看到已经安装好的 V-Ray Adv 1.50.SP4 渲染器，如图 1.13 所示。

图 1.12

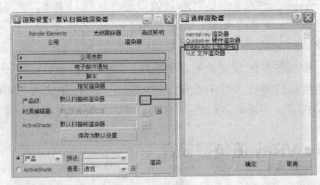

图 1.13

（3）选择 V-Ray Adv 1.50.SP4 渲染器，然后单击"确定"按钮。此时可以看到"产品级"文本框中的渲染器名称变成了 V-Ray Adv 1.50.SP4。对话框上方的标题栏也变成了 V-Ray Adv 1.50.SP4 渲染器的名称。这说明 3ds Max 目前的工作渲染器为 V-Ray Adv 1.50.SP4 渲染器，如图 1.14 所示。

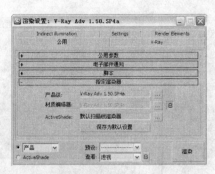

图 1.14

1.5 VRay 渲染器参数简介

虽然，VRay 在使用方面要优于其他渲染软件，在功能方面也较其他大多数渲染软件更强大，但在功能强大而丰富的背后却是复杂而繁多的参数，因此要掌握此渲染器，首先要了解各个重要参数的功能，V-Ray Adv 1.50.SP4 的渲染器控制面板如图 1.15 所示，下面将在各个小节中讲解重要参数的意义。

VRay 版本发布的频率并不高，要得到当前使用软件版本号，可以查看图 1.16 所示的卷展栏。

图 1.15

1.5.1 V-Ray::Frame buffer 卷展栏

V-Ray::Frame buffer（帧缓冲设置）卷展栏如图 1.17 所示，该卷展栏主要控制的是渲染尺寸设置、渲染框显示设置、渲染通道设置、渲染图片水印设置等。

● Enable built-in Frame Buffer（使用内建的帧缓存）：勾选这个选项将使用 VRay 渲染器内置的帧缓存窗口。

图 1.16

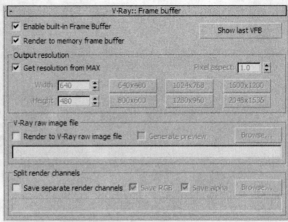

图 1.17

● Render to memory frame buffer（渲染到内存）：勾选的时候将创建 VRay 的帧缓存，并使用它来存储颜色数据以便在渲染时或者渲染后观察。

● Output resolution（输出分辨率）：此选项组在不勾选 Get resolutlon from Max 这个选项的时候可以被激活，可以根据需要设置 VRay 渲染器使用的分辨率。

● Get resolution from Max（从 Max 获得分辨率）：勾选这个选项的时候，VRay 将使用 3ds Max 的分辨率设置。

● Show Last VFB（显示上次渲染的 VFB 窗口）：打开 VRay 帧缓冲器并显示上一次渲染的图像结果。

● Render to V-Ray raw image file（渲染到 VRay 原图像文件）：通过单击 Browse（浏览）按钮指定一个路径，渲染的结果会以 VRay 图像格式保存在设置的路径中，而不在内存中保留数据。

● Generate preview（生成预览）：在渲染的过程中使用 VRay 帧缓冲器显示渲染过程。

● Save separate render channels（保存单独的渲染通道）：勾选这个选项允许操作者将指定的特殊通道作为一个单独的文件保存在指定的目录。

1.5.2　V-Ray::Global switches 卷展栏

V-Ray::Global switches（全局设置）卷展栏如图 1.18 所示，该卷展栏主要是对场景中的灯光物体、材质反射/折射属性、物体实现置换开关、间接照明等进行总体控制。

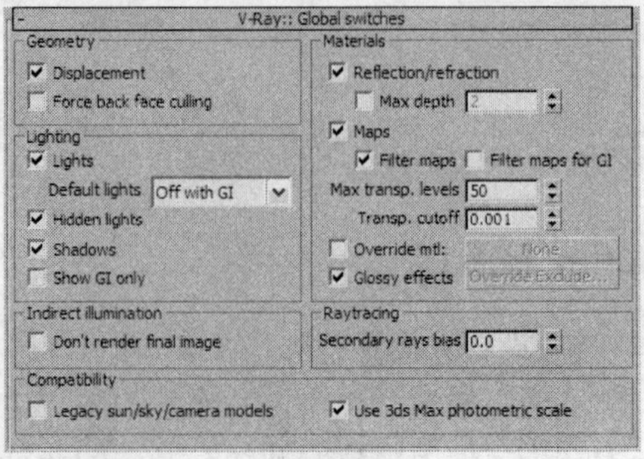

图 1.18

1. Geometry（几何体）选项组

● Displacement（置换）：决定是否使用 VRay 自己的置换贴图。这个选项不会影响 3ds Max 自身的置换贴图。

提示：通常在测试渲染或场景中没有使用 VRay 的置换贴图时，此参数不必开启。

2. Lighting（灯光）选项组

灯光选项组中的各项参数主要控制全局灯光和阴影的开启或关闭。

● Lights（灯光）：场景灯光开关，勾选后表示渲染时计算场景中所有的灯光设置，如图 1.19 所示。

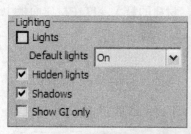

图 1.19

取消勾选后，场景只受默认灯光和天光的影响，如图 1.20 所示。

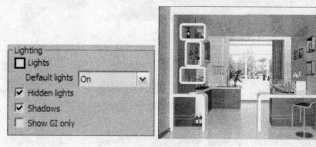

图 1.20

提示：取消 Lights（灯光）的勾选虽然场景受到默认灯光和天光的影响，但是默认灯光的影响太大，天光的影响已经无法分辨。

● Default lights（默认灯光）：此选项决定 VRay 渲染是否使用 Max 的默认灯光，它包括 Off、On 和 Off with GI 三个选项。

● Hidden lights（隐藏灯光）：是否使用隐藏灯光。勾选的时候系统会渲染场景中的所有灯光，无论该灯光是否被隐藏。

● Shadows（阴影）：决定是否渲染灯光产生的阴影。

● Show GI only（只显示全局光）：决定是否只显示全局光。勾选的时候直接光照将不包含在最终渲染的图像中。

3. Materials（材质）选项组

材质选项组中的各项参数主要对场景的材质进行基本控制。

● Reflection/refraction（反射/折射）：是否考虑计算 VRay 贴图或材质中的光线的反射/折射效果。当取消勾选时，场景中的 VRay 材质将不会产生光线的反射和折射，如图 1.21 所示。

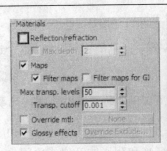

图 1.21

提示：这个反射/折射开关只对 VRay 材质起作用，对 Max 默认材质不起作用。

● **Max depth**（最大深度）：通常情况下，材质的最大深度在材质面板中设置，在勾选此选项后，最大深度将由此选项控制。

● **Maps**（贴图）：是否使用纹理贴图。不勾选表示不渲染纹理贴图。不勾选此选项时，场景渲染效果如图 11.22 所示。

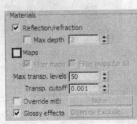

图 1.22

● **Filter maps**（贴图过滤）：是否使用纹理贴图过滤。勾选之后材质效果将显得更加平滑。
● **Max.transp levels**（最大透明程度）：控制透明物体被光线追踪的最大深度。
● **Transp.cutoff**（透明度中止）：控制对透明物体的追踪何时中止。

提示：当 Max.transp levels（最大透明级别）和 Transp.cutoff（透明中止）两个参数保持默认时，具有透明材质属性的物体将正确显示其透明效果。

● **Override mtl**（材质替代）：勾选这个选项的时候，允许用户通过使用后面的材质槽指定的材质来替代场景中所有物体的材质进行渲染。在实际工作中，常使用此参数来渲染白模，以观察大致灯光、场景明暗效果，如图 1.23 所示。

图 1.23

4. Indirect illumination（间接照明）选项组

● Don't render final image（不渲染最终的图像）：勾选的时候，VRay 只计算相应的全局光照贴图（发光贴图、灯光贴图及光子贴图），这对于渲染动画过程很有用。如图 1.24 所示分别为勾选和未勾选此选项的效果，可以看到勾选此选项后没有渲染最终的图像。

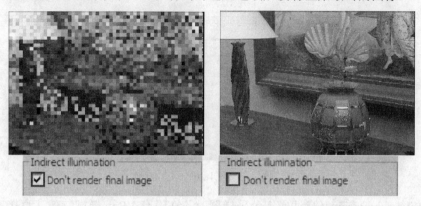

图 1.24

5. Raytracing（光线追踪）选项组

● Secondary rays bias（二次光线偏移距离）：设置光线发生二次反弹的时候的偏移距离。

提示：当 V-Ray::Indirect illumination(GI) 卷展栏中的 GI 中开关关闭时，此选项对场景没有影响。

1.5.3 V-Ray::Image sampler(Antialiasing)卷展栏

V-Ray::Image sampler(Antialiasing)（图像采样）卷展栏如图 1.25 所示，该卷展栏就是通常说的抗锯齿设置卷展栏，在这个卷展栏中可以通过对采样方式和过滤器进行设置来控制渲染场景最终的图像品质。

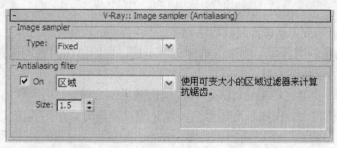

图 1.25

1. Image sampler（图像采样）选项组
在 Type 下拉列表框中可以选择采样器类型，共有 3 个。

● Fixed（固定比率采样器）：这是 VRay 中最简单的采样器，对于每一个像素它使用一个固定数量的样本。

提示：通常进行测试渲染时使用此选项。

● Adaptive DMC（自适应 DMC 采样器）：这个采样器根据每个像素和它相邻像素的亮度

差异产生不同数量的样本。值得注意的是，这个采样器与 VRay 的 DMC 采样器是相关联的，它没有自身的极限控制值，不过可以使用 VRay 的 DMC 采样器中的 Noise threshold 参数来控制品质。选择此选项后，出现与其相关的 Adaptive DMC image sampler 卷展栏如图 1.26 所示，通过控制其中的参数可以控制成品品质。

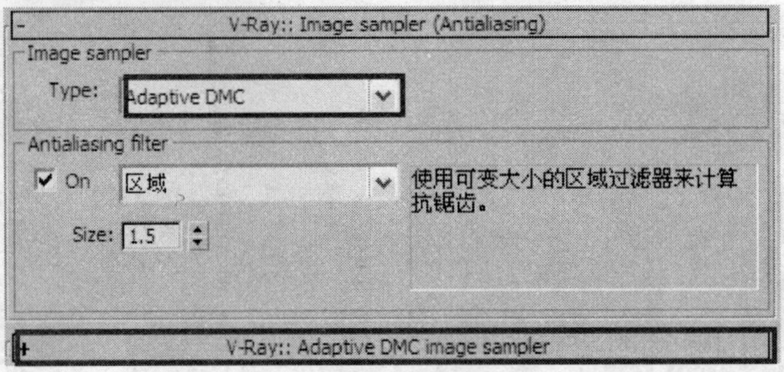

图 1.26

● Adaptive subdivision（自适应细分采样器）：在没有 VRay 模糊特效（直接 GI、景深、运动模糊等）的场景中，它是首选的采样器。选择此选项后，出现与其相关的卷展栏如图 1.27 所示，通过控制其中的参数可以控制成品品质。

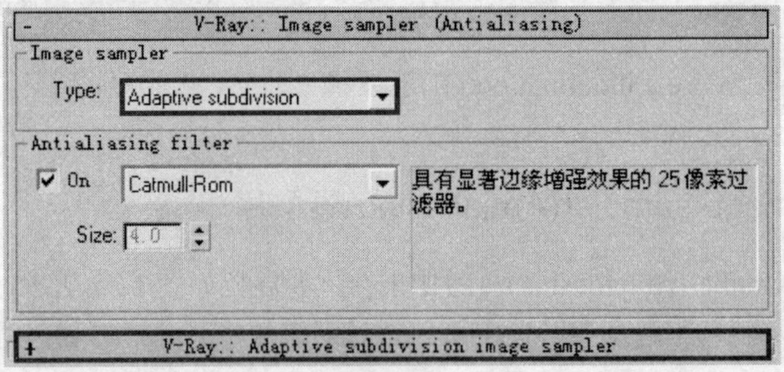

图 1.27

2. Antialiasing filter（抗锯齿过滤器）组

On（开启）为抗锯齿开关，测试渲染时可以不选，最终出图时则应该选中。

在 On 的右侧的下拉列表框中列有常用的抗锯齿过滤器。

● 区域：这是一种通过模糊边缘来达到抗锯齿效果的方法，使用区域的大小值来设置边缘的模糊程度。区域值越大，模糊程度越强烈。这是测试渲染时最常用的渲染器，效果如图 1.28 所示。

● Mitchell-Netravali（米歇尔平滑过滤器）：可得到较平滑的边缘（很常用的过滤器），效果如图 1.29 所示。

● Catmull-Rom（锐化）：可得到非常锐利的边缘（常用于最终渲染），效果如图 1.30 所示。

是否开启抗锯齿参数，对于渲染时间的影响很大，笔者习惯于在灯光、材质调整完成后，先在未开启抗锯齿参数的情况下渲染一张大图，等所有细节都确认没有问题的情况下，再使用较高的抗锯齿参数渲染最终大图。

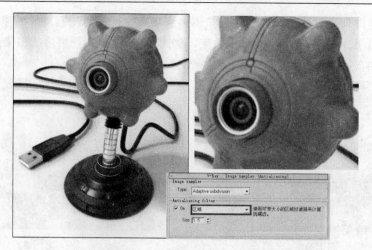

图 1.28

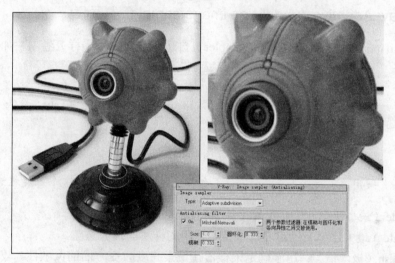

图 1.29

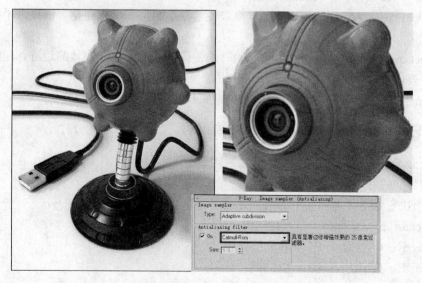

图 1.30

除了在最终得到高品质图像时要开启抗锯齿选项，如果需要观察反射模糊效果，同样需要开启，如图 1.31 所示为未开启时的渲染效果，如图 1.32 所示为开启后的渲染效果，可以看出开启后能够更加真实地反映反射模糊的效果与质量。

图 1.31

图 1.32

1.5.4　V-Ray::Adaptive subdivision image sampler 卷展栏

V-Ray::Adaptive subdivision image sampler（自适应细分图像采样）卷展栏如图 1.33 所示。

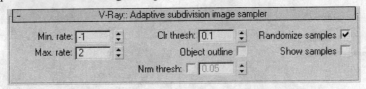

图 1.33

提示：只有采用 Adaptive subdivision　（自适应细分）采样器时这个卷展栏才被激活。

- Min.rate（最小比率）：定义每个像素使用的样本的最小数量。
- Max.rate（最大比率）：定义每个像素使用的样本的最大数量。
- Clr thresh（极限值）：用于确定采样器在像素亮度改变方面的灵敏性。较低的值会产生较好的效果，但会花费较多的渲染时间。
- Randomize samples（随机样本）：略微转移样本的位置以便在垂直线或水平线条附近得到更好的效果。
- Object outline（物体轮廓）：勾选的时候使得采样器强制在物体的边进行超级采样而不管它是否需要进行超级采样。这个选项在使用景深或运动模糊的时候会失效。
- Normals（法线方向）：勾选后将使超级采样沿法线方向急剧变化。

1.5.5　V-Ray::Indirect illumination(GI)卷展栏

V-Ray::Indirect illumination(GI)（间接照明设置）卷展栏如图 1.34 所示，在该卷展栏可以对全局间接光照进行设置。

On 选项决定是否计算场景中的间接光照明。

1. GI caustics（GI 焦散）选项组
- Reflective（反射）：GI 反射焦散。
- Refractive（折射）：GI 折射焦散。

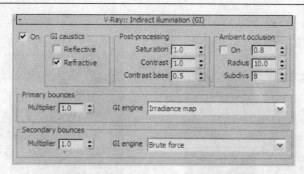

图 1.34

提示：GI 焦散选项组控制的是由间接照明产生的焦散特效，由直接照明产生的焦散不受这里的参数控制。

2. Post-processing（后期处理）选项组

这里主要是对间接光照明在增加到最终渲染图像前进行一些额外的修正。

● Saturation（饱和度）：这个参数控制着全局间接照明下的色彩饱和程度。

提示：此参数能够适当控制场景出现的色溢情况，数值越低，色溢的控制效果越好，但过低的数值会导致场景中的色彩不够饱和，如图 1.35 所示为此数值为 1 时的渲染效果，如图 1.36 所示为此数值为 0.6 时的渲染效果，可以看到色溢情况被有效控制。

图 1.35　　　　　　　　　　　　　　　　　图 1.36

● Contrast（对比度）：这个参数控制着全局间接照明下的明暗对比度。

● Contrast base（对比度基数）：这个参数和 Contrast（对比度）参数配合使用。两个参数间的差值越大，场景中的暗部和亮部对比度越大。

3. Primary bounces（初级漫射反弹）选项组

● Multiplier（倍增值）：这个参数决定为最终渲染图像贡献多少初级漫射反弹。

● GI engine（GI 引擎）：用来选择首次光线反弹计算使用的全局照明引擎。

4. Secondary bounces（次级漫射反弹）选项组

● Multiplier（倍增值）：确定在场景照明计算中次级漫射反弹的效果，如图 1.37 所示为 GI engine 选择 Light cache 后设置 Multiplier 数值为 0.7 时的效果，可以看出场景局部偏暗；如图 1.38 所示为将此数值调整为 1 时的效果，可以看出场景局部偏暗的部分得到了较好的修正。

● GI engine（GI 引擎）：用来选择二次光线反弹计算使用的全局照明引擎。

图 1.37

图 1.38

1.5.6　V-Ray::Irradiance map 卷展栏

V-Ray::Irradiance map（发光贴图设置）卷展栏如图 1.39 所示，该卷展栏中有 6 个明确的选项组。

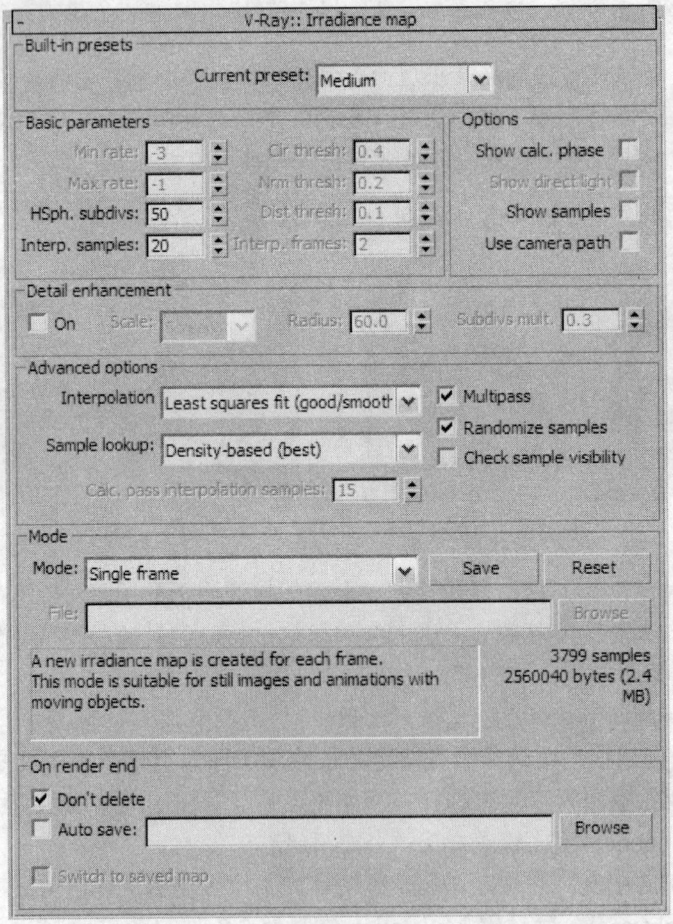

图 1.39

1.　Built-in presets（内建预设）选项组

Current preset（当前预设模式）下拉列表框提供了 8 种系统预设的模式供选择，如图 1.40 所示，如无特殊情况，这几种模式应该可以满足一般需要。

● Very low（非常低）：这个预设模式仅适用于预览目的，只能表现场景中的普通照明。

● Low（低）：一种低品质的用于预览的预设模式。

● Medium（中等）：一种中等品质的预设模式，如果场景中不需要太多的细节，大多数情况下可以产生较好的效果。

● Medium-animation（中等品质动画模式）：一种中等品质的预设模式，目的就是减少动画中的闪烁。

● High（高）：一种高品质的预设模式，可以应用在最多的情形下，即使是具有大量细节的动画。

● High-animation（高品质动画）：主要用于解决 High 预设模式下渲染动画闪烁的问题。

● Very High（非常高）：一种极高品质的预设模式，一般用于有大量细小的细节或极复杂的场景。

● Custom（自定义）：选择这个模式后可以根据自己需要设置不同的参数，这也是默认的选项。

2. Basic parameters（基本参数）选项组

● Min rate（最小比率）：这个参数确定 GI 首次传递的分辨率。

● Max rate（最大比率）：这个参数确定 GI 传递的最终分辨率。

● Clr thresh（颜色极限值）：Color threshold 的简写，这个参数确定发光贴图算法对间接照明变化的敏感程度。

● Nrm thresh（法线极限值）：Normal threshold 的简写，这个参数确定发光贴图算法对表面法线变化的敏感程度。

● Dist thresh（距离极限值）：Distance threshold 的简写，这个参数确定发光贴图算法对两个表面距离变化的敏感程度。

● HSph.subdivs（半球细分）：Hemispheric subdivs 的简写，这个参数决定单独的 GI 样本的品质。较小的取值可以获得较快的速度，但是也可能会产生黑斑，较高的取值可以得到平滑的图像。

● Interp.samples（插值的样本）：Interpolation samples 的简写，定义被用于插值计算的 GI 样本的数量。较大的值会趋向于模糊 GI 的细节，虽然最终的效果很光滑，较小的取值会产生更光滑的细节，但是也可能会产生黑斑。

3. Options 选项组

● Show calc.phase（显示计算相位）：勾选的时候，VRay 在计算发光贴图的时候将显示发光贴图的传递过程。同时会减慢一点渲染速度，特别是在渲染大的图像的时候。

● Show direct.light（显示直接照明）：只在 Show calc.phase 勾选的时候才能被激活。它将促使 VRay 在计算发光贴图的时候，显示初级漫射反弹除了间接照明外的直接照明。

● Show samples（显示样本）：勾选的时候，VRay 将在 VFB 窗口以小原点的形态直观地显示发光贴图中使用的样本情况。

4. Advanced options（高级选项）选项组

主要对发光贴图的样本进行高级控制。

● Interpolation（插补类型）：提供了 4 种类型可供选择，如图 1.41 所示。

● Sample lookup（样本查找）：它决定发光贴图中被用于插补基础的合适的点的选择方法。提供了 4 种方法可供选择，如图 1.42 所示。

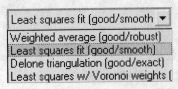

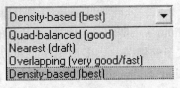

图 1.41　　　　　　　　　　　　　　　　图 1.42

● Calc.pass interpolation samples（计算传递插补样本）：在发光贴图计算过程中使用，它描述的是已经被采样算法计算的样本数量。较好的取值范围是 5～25。

● Multipass（倍增设置）：勾选状态下，发光贴图 GI 计算的次数将由 Min rate 和 Max rate 的间隔值决定。取消勾选后，GI 预处理计算将合并成一次完成。

● Randomize samples（随机样本）：在发光贴图计算过程中使用，勾选的时候，图像样本将随机放置，不勾选的时候，将在屏幕上产生排列成网格的样本。默认勾选，推荐使用。

● Check sample visibility（检查样本的可见性）：在渲染过程中使用。它将促使 VRay 仅仅使用发光贴图中的样本，样本在插补点直接可见。可以有效地防止灯光穿透两面接受完全不同照明的薄壁物体时产生的漏光现象。当然，由于 VRay 要追踪附加的光线来确定样本的可见性，所以它会减慢渲染速度。

5. Mode（模式）选项组

Mode 选项共提供了 8 种渲染模式，如图 1.43 所示。

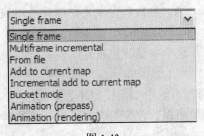

图 1.43

选择哪一种模式需要根据具体场景的渲染任务来确定，一个固定的模式不可能适合所有的场景。

● Single frame（单帧模式）：默认的模式，在这种模式下对于整个图像计算一个单一的发光贴图，每一帧都计算新的发光贴图。在分布式渲染的时候，每一个渲染服务器都各自计算它们自己的针对整体图像的发光贴图。

● Multiframe incremental（多重帧增加模式）：这个模式在渲染摄影机移动的帧序列的时候很有用。VRay 将会为第一个渲染帧计算一个新的全图像的发光贴图，而对于剩下的渲染帧，VRay 设法重新使用或精炼已经计算了的存在的发光贴图。

● From file（来自文件模式）：使用这种模式，在渲染序列的开始帧，VRay 将导入一个已有的发光贴图，并在动画的所有帧中都使用这个发光贴图。整个渲染过程中不会计算新的发光贴图。

● Add to current map（增加到当前贴图模式）：在这种模式下，VRay 将计算全新的发光贴图，并把它增加到内存中已经存在的贴图中。

● Incremental add to current map（在已有的发光贴图文件中增补发光信息模式）：在这种模式下，VRay 将使用内存中已存在的贴图，仅仅在某些没有足够细节的地方对其进行精炼。

● Bucket mode（块模式）：在这种模式下，一个分散的发光贴图被运用在每一个渲染区域（渲染块）。这在使用分布式渲染的情况下尤其有用，因为它允许发光贴图在几部电脑之间进行计算。

6. On render end 选项组

● Don't delete（不删除）：此选项默认勾选，意味着发光贴图将保存在内存中直到下一次渲染前，如果不勾选，VRay 会在渲染任务完成后删除内存中的发光贴图。

● Auto save（自动保存）：如果勾选这个选项，在渲染结束后，VRay 会将发光贴图文件自动保存到指定的目录中。

● Switch to saved map（切换到保存的贴图）：这个选项只有在 Auto save 勾选的时候才被激活，勾选的时候，VRay 渲染器也会自动设置发光贴图为 From file 模式。

1.5.7　V-Ray::Brute force GI 卷展栏

V-Ray::Brute force GI（强力全局光照设置）卷展栏如图 1.44 所示，该卷展栏只有在用户选择 Brute force（强力）渲染引擎作为初级或次级漫射反弹引擎的时候才被激活。使用准蒙特卡罗算法来计算 GI 是一种强有力的方法，虽然速度很慢，但是效果是最精确的，尤其是需要表现大量细节的场景。

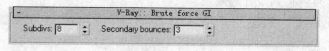

图 1.44

● Subdivs：细分数值，设置计算过程中使用的近似的样本数量。

提示：当 Brute force（强力）渲染引擎作为二次反弹使用时，Subdivs（细分）值的设置对于图像品质将不会产生任何作用。

● Secondary bounces：次级反弹深度，这个参数只有当次级漫射反弹设为准蒙特卡罗引擎的时候才被激活。

1.5.8　V-Ray::Light cache 卷展栏

V-Ray::Light cache（灯光缓存设置）卷展栏如图 1.45 所示。灯光缓存是一种近似于场景全局光照明的技术，它是建立在追踪从摄影机可见的许许多多光线路径的基础上的。它是一种通用的全局光解决方案，可以作为一次反弹直接使用，也可以用于二次反弹和发光贴图。

图 1.45

提示：这个卷展栏只有在用户选择 Light cache（灯光缓存）渲染引擎作为初级或次级漫射反弹引擎的时候才被激活。

1. Calculation parameters（计算参数）选项组

此选项组控制着灯光缓存的基本计算参数。

● Subdivs（细分）：这个参数将决定有多少条摄影机可见的视线路径被追踪到。此参数值越大，图像效果越平滑，但也会增加渲染时间。

● Sample size（样本尺寸）：决定灯光贴图中样本的间隔。值越小，样本之间相互距离越近，灯光贴图将保护灯光的细节部分，不过会导致产生噪波，并且占用较多的内存。值越大，效果越平滑，但可能导致场景的光效失真。

● Scale（比例）：主要用于确定样本尺寸和过滤器尺寸。提供了 Screen（屏幕）和 World（世界）两种类型。

● Number of passes（灯光缓存计算的次数）：如果 CPU 不是双核或没有超线程技术，建议把这个值设为 1，可以得到最好的效果。

● Store direct light（存储直接光照信息）：勾选这个选项后，灯光贴图中也将储存和插补直接光照的信息。

● Show calc.phase（显示计算状态）：打开这个选项可以显示被追踪的路径。它对灯光缓存的计算结果没有影响，只是可以给用户一个比较直观的视觉反馈。

2. Reconstruction parameters（重建参数）选项组

● Pre-filter（预过滤器）：勾选的时候，在渲染前灯光贴图中的样本会被提前过滤。其数值越大，效果越平滑，噪波越少。

● Filter（过滤器）：这个选项确定灯光贴图在渲染过程中使用的过滤器类型。

● Use light cache for glossy rays（为模糊光线使用灯光缓存）：打开这个选项，灯光贴图将会连同光泽效果一同进行计算，在具有大量光泽效果的场景中，有助于加快渲染速度。

1.5.9　V-Ray::Environment 卷展栏

V-Ray::Environment（环境）卷展栏如图 1.46 所示。VRay 的环境设置就相当于天光设置，在实际工作中 VRay 的天光设置要配合场景的灯光设置、物体材质属性设置来使用，才能创建出理想的效果。

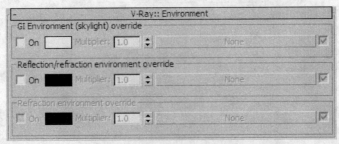

图 1.46

1. GI Environment (skylight) override[GI 环境（天空光）]选项组

GI Environment (skylight) override[GI 环境（天空光）]选项组，允许在计算间接照明的时候替代 3ds Max 的环境设置，这种改变 GI 环境的效果类似于天空光。

● On（开启）：只有在勾选这个选项后，其下的参数才会被激活。

● Color（颜色）：允许指定背景颜色（即天空光的颜色）。如图 1.47 所示分别为将颜色设置为蓝色和黄色的效果。

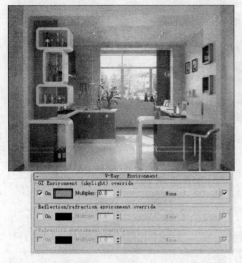

图 1.47

● Multiplier（倍增值）：上面指定的颜色的亮度倍增值。如图 1.48 所示分别为将倍增值设置为 1 和 3 的效果。

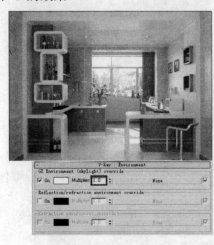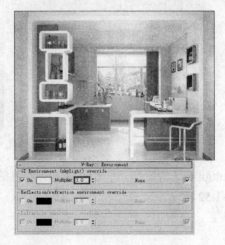

图 1.48

● None（无）：允许指定背景贴图。添加贴图后，系统会忽略颜色的设置，优先选择贴图的设置。如图 1.49 所示为添加 HDRI 贴图后的效果。

2. Reflection/refraction environment override（反射/折射环境）选项组

Reflection/refraction environment override（反射/折射环境）选项组，在计算反射/折射的时候替代 3ds Max 自身的环境设置。

● On（开启）：只有勾选这个选项后，其下的参数才会被激活，如图 1.50 所示。

● Color（颜色）：指定反射/折射的颜色。物体的背光部分和折射部分会反映出设置的颜色，如图 1.51 所示。

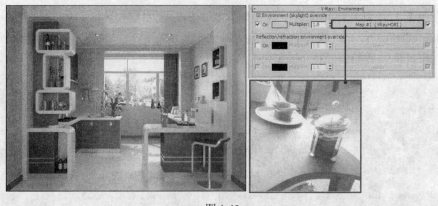

图 1.49

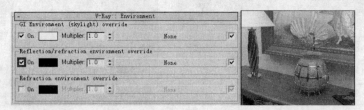

图 1.50

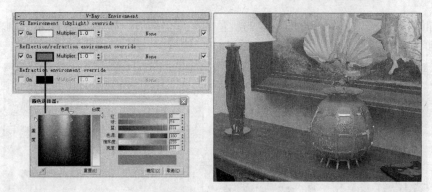

图 1.51

● Multiplier（倍增值）：上面指定的颜色的亮度倍增值，改变受影响部分的整体亮度和程度，如图 1.52 所示。

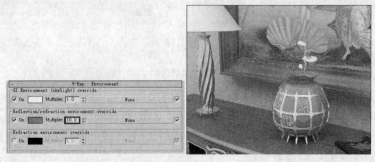

图 1.52

● NONE（无）：材质槽，指定反射/折射贴图。添加 HDRI 贴图后的效果如图 1.53 所示。

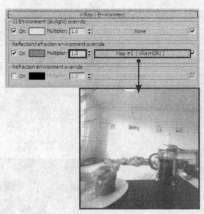

图 1.53

3. Refraction environment override（折射环境）选项组

在计算折射的时候替代已经设置的参数对折射效果的影响，只受此选项组参数的控制。

● On（开启）：只有在勾选这个选项后，其下的参数才会被激活，如图 1.54 所示。

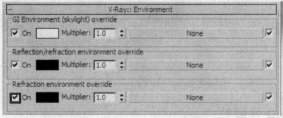

图 1.54

● Color（颜色）：指定折射部分的颜色，物体的背光部分和反射部分不受该颜色的影响，如图 1.55 所示。

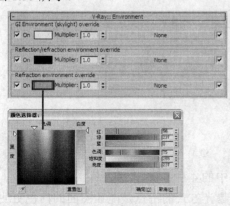

图 1.55

● Multiplier（倍增值）：上面指定的颜色的亮度倍增值，改变折射部分的亮度，如图 1.56 所示。

● NONE（无）：材质槽，指定反射/折射贴图，添加 HDRI 贴图后的效果如图 1.57 所示。

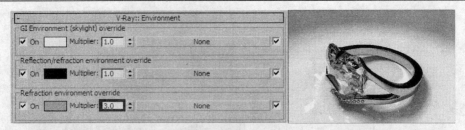

图 1.56

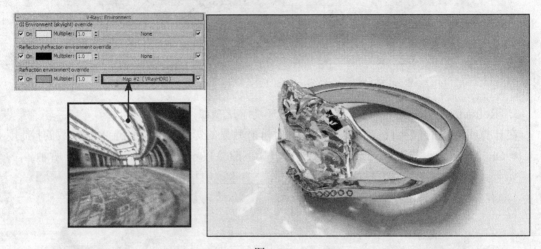

图 1.57

1.5.10　V-Ray::Color mapping 卷展栏

V-Ray::Color mapping（色彩映射）卷展栏如图 1.58 所示，在该卷展栏中可以整体控制渲染的曝光方式，而且可以分别通过设置直接受光部分和背光部分曝光的倍增参数，来整体调整图面的明亮度和对比度。

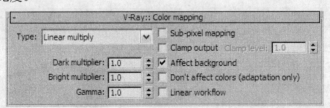

图 1.58

1. 认识曝光方式

Type 中包含了 7 种曝光方式，这里着重介绍其中的 4 种：

● Linear multiply（线性倍增曝光方式）：这种曝光方式的特点是能让图面的白色更明亮，所以该模式容易出现局部曝光现象，效果如图 1.59 所示。

● Exponential（指数曝光方式）：在相同的设置参数下，使用这种曝光方式不会出现局部曝光现象，但是会使图面色彩的饱和度降低，效果如图 1.60 所示。

● HSV exponential（色彩模型曝光方式）：所谓 HSV 就是 Hus（色度）、Saturation（饱和度）和 Value（纯度）的英文缩写，这种方式与上面提到的指数方式非常相似，但是它会保护色彩的色调和饱和度，效果如图 1.61 所示。

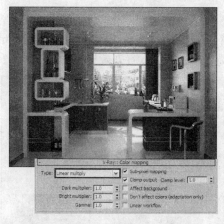
图 1.59

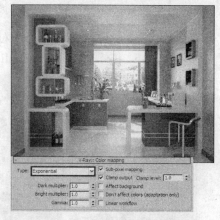
图 1.60

● Reinhard（混合曝光方式）：可以理解为 Linear multiply 和 Exponential 两种曝光方式的混合方式，控制得当会得到很好的效果，如图 1.62 所示。

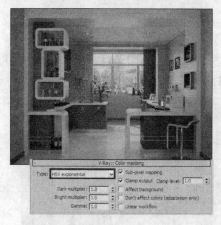
图 1.61

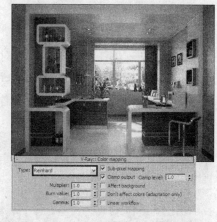
图 1.62

提示：在实际的室内效果图制作过程中 Linear multiply、Exponential 和 Reinhard 这三种曝光方式比较常用。如图 1.63 所示分别为采用 Exponential 和 Reinhard 这两种曝光方式进行合理设置后得到的理想效果。

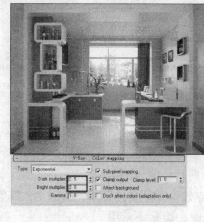

图 1.63

2. 认识倍增参数

● Dark multiplier（暗部倍增）：用来对暗部进行亮度倍增。如图 1.64 所示为 Bright multiplier 数值不变的情况下，分别将 Dark multiplier 设置为 3.0 与 6.0 的渲染效果。

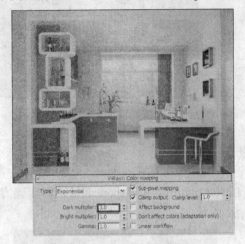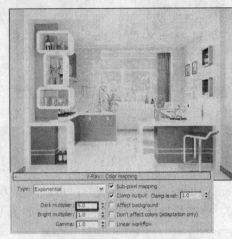

图 1.64

● Bright multiplier（亮部倍增）：用来对亮部进行亮度倍增。如图 1.65 所示为 Dark multiplier 数值不变的情况下，分别将 Bright multiplier 设置为 1.0 与 2.5 的渲染效果。

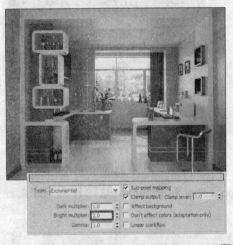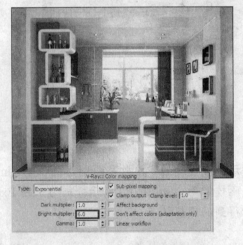

图 1.65

3. 其他选项作用

● Affect background（影响背景）：当关闭该选项时，颜色贴图将不会影响到背景的颜色。

● Clamp output（固定输出）：默认为开启状态，表示当 Color mapping 卷展栏中的参数设置完成后，图面的颜色将固定下来。

1.5.11　V-Ray::DMC Sampler 卷展栏

V-Ray::DMC Sampler（准蒙特卡罗采样）卷展栏如图 1.66 所示。

● Adaptive amount（数量）：控制计算模糊特效采样数量的范围，值越小，渲染品质越高，渲染时间越长。值为 1 时，表示全应用；值为 0 时，表示不应用。

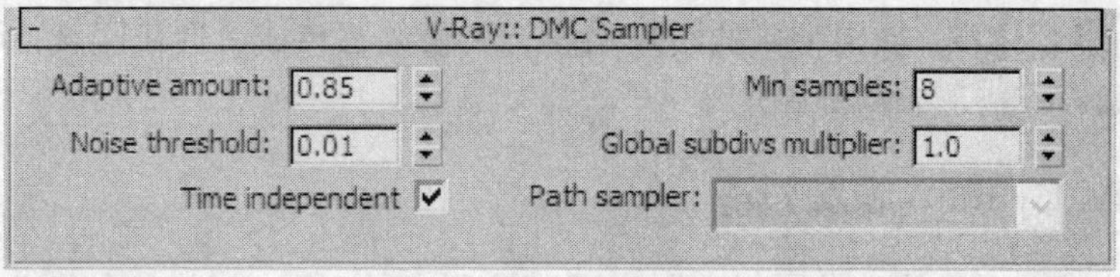

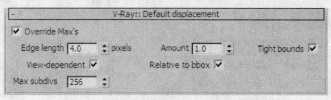

图 1.66

● Min samples（最小样本数）：决定采样的最小数量。一般设置为默认就可以。

● Noise threshold（噪波极限值）：此数值对于场景中的噪点控制非常有效（但并非噪点的唯一控制参数）。

● Global subdivs multiplier（全局细分倍增）：可以通过设置这个数值来很快增加或减小整体的采样细分设置。这个设置将影响全局。

● Time independent（时间约束设置）：这个设置开关针对渲染序列帧有效。

1.5.12　V-Ray::Default displacement 卷展栏

V-Ray::Default displacement（置换）卷展栏如图 1.67 所示。VRay 通过两个设置面板控制置换的效果，一是渲染面板里的置换设置，二是通过对需要置换的物体添加VRayDisplacementMod（置换修改器）进行控制。

图 1.67

● Override Max's（替代 Max）：勾选的时候，VRay 将使用自己内置的微三角置换来渲染具有置换材质的物体。反之，将使用标准的 3ds Max 置换来渲染物体。

● Edge length（边长度）：用于确定置换的品质。值越小，产生的细分三角形越多，更多的细分三角形意味着，置换时渲染的图面效果体现出更多的细节，同时需要更长的渲染时间。

● View-dependent（视图依据）：勾选这个选项后，以像素为单位，确定细分三角形边的最大长度；场景的系统单位为毫米，不勾选时，将用系统单位来衡量细分三角形的最长边，如图 1.68 所示。

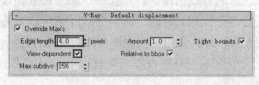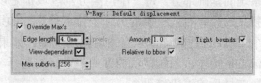

图 1.68

● Max.subdivs（最大细分数量）：控制从原始的网格中产生出来的细分三角形的最大数量。输入值以平方的方式来计算细分三角形的数量。细分值小，导致图面细节少，渲染速度快。

● Amount（数量）：这个选项决定着置换的幅度。

● Relativ to bbox（相对于边界框）：这个选项用来对 Amount 设置值进行单位切换。

● Tight bounds（紧密界限）：勾选这个选项，VRay 将试图计算来自原始网格物体的置换三角形的精确的限制体积，如果使用的纹理贴图有大量的黑色或者白色区域，可能需要对置换贴图进行预采样，但是渲染速度很快。

1.5.13　V-Ray::System 卷展栏

在 V-Ray::System（系统）卷展栏中用户可以控制多种 VRay 参数，如图 1.69 所示，包括：光线投射参数选项组、渲染分割区域选项组、帧印记选项组等。

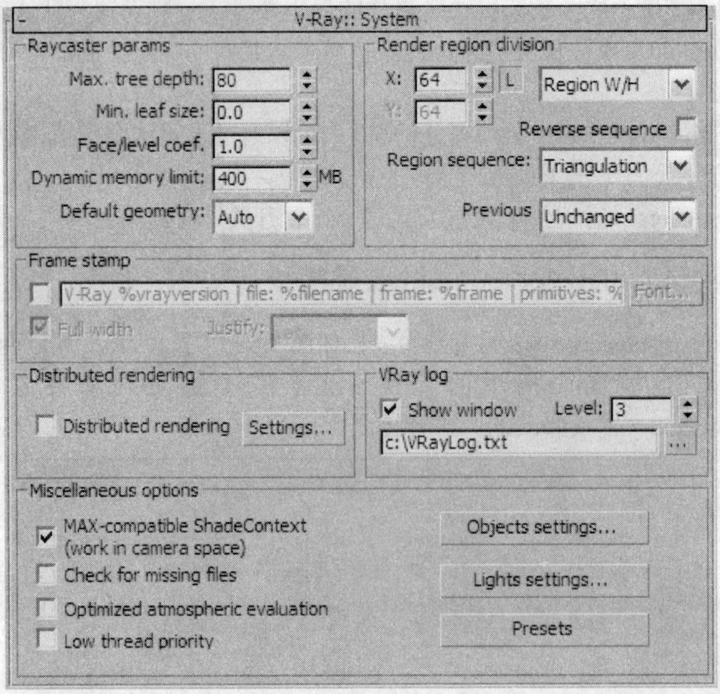

图 1.69

1. Raycaster params（光线投射参数）选项组

在 Raycaster params（光线投射参数）选项组中可以控制 VRay 二元空间划分树（BSP 树）的相关参数。系统默认设置是比较合理的设置，一般使用默认设置就可以。

2. Render region division（渲染分割区域）选项组

这个选项组允许控制渲染区域（块）的各种参数。这些渲染分割区域正是 VRay 分布式渲染系统的基础部分。每一个渲染分割区域都是以矩形的方式出现的，并且每一块相对其他块都是独立的。分布式渲染的另一个特点就是，如果是多个 CPU 的话，渲染分割区域可以分布在多个 CPU 进行处理，以有效地利用资源。如果场景中有大量的置换贴图材质、VRayProxy 或 VRayFur 物体，系统默认的方式是最好的选择。这个选项组只是设置渲染过程中的显示方式，不影响最后的渲染结果。

● X：当选择 Region W/H 模式的时候，以像素为单位确定渲染块的最大宽度；在选择 Region Count 模式的时候，以像素为单位确定渲染块的水平尺寸。

● Y：当选择 Region W/H 模式的时候，以像素为单位确定渲染块的最大高度；在选择 Region Count 模式的时候，以像素为单位确定渲染块的垂直尺寸。

● Region sequence（渲染块次序）：确定在渲染过程中块渲染进行的顺序。其中 Top->Bottom 为从上到下渲染；Left->Right 为从左到右渲染；Checker 为以类似于棋盘格子的顺序渲染；Spiral

为以螺旋形的顺序渲染；Triangulation 为以三角形的顺序渲染；Hilbert curve 为以希耳伯特曲线的计算顺序执行渲染。

● Reverse sequence（反向顺序）：勾选后，采取与 Region sequence 设置相反的顺序进行渲染。

● Previous render（上次渲染）：这个参数确定在渲染开始的时候，在帧缓冲中以什么样的方式显示先前渲染图像，从而方便我们区分和观察两次渲染的差异。

3. Frame stamp（帧印记）选项组

帧印记，就是我们经常说的"水印"，可以按照一定规则以简短文字的形式显示关于渲染的相关信息。它是显示在图像底端的一行文字。

● Font（字体）：设置显示信息的字体。

● Full width（全部宽度）：显示占用图像的全部宽度，否则显示文字实际宽度。

● Justify（对齐）：指定文字在图像中的位置。Left 为文字居左，Right 为文字居右，Center 为文字居中。

帧印记只有一行，所以显示的内容有限，可以通过设置信息编辑框来得到需要的信息，如图 1.70 所示。

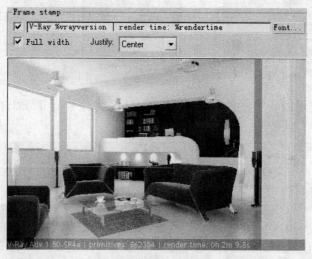

图 1.70

4. Distributed rendering（分布式渲染）选项组

分布式渲染是在几台计算机上同时渲染同一张图片的过程。实现分布式渲染要满足的条件是：在多台设备中同时安装了 3ds Max 和 VRay，而且是相同的版本；多台参与计算的设备上相关软件（VRaySpaner）已经成功开启，且运行正常。

● Distributed rendering（分布式渲染）：勾选该选项后开启分布式渲染。

● Settings（设置）：单击此按钮弹出 VRay Networking settings 对话框，在对话框中可以添加或删除进行分布式渲染的计算机。

5. VRay log（日志）选项组

VRay 渲染过程中会将各种信息都记录下来保存到 VRay log 中方便查阅。☑ Show window 为是否显示信息窗口，勾选为显示。Level: 3 为显示级别：1 为显示错误信息；2 为显示错误信息和警告信息；3 为显示错误、警告和情报信息；4 为显示所有信息。c:\VRayLog.txt 为保存路径。

1.6　VRay 灯光及阴影理论

1.6.1　认识 VRay 灯光

单击"创建"面板中的 （灯光）按钮，在下拉菜单中选择 VRay 就会出现 VRay 灯光类型列表，如图 1.71 所示。最新的版本中增加了 VRaySun、VRayIES 和 VRayAmbientLight 灯光。这里主要介绍一下 VRay 灯光的参数，如图 1.72 所示。

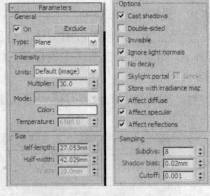

图 1.71　　　　　　　　　　　　　　　图 1.72

参数讲解中所使用的场景文件为本书配套素材提供的"第 1 章\灯光场景\灯光场景文件.Max"文件，如图 1.73 所示。

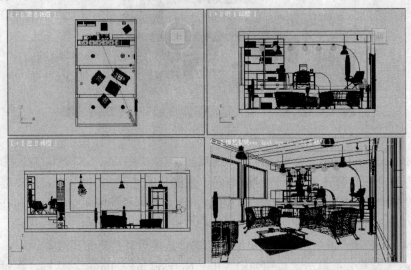

图 1.73

1.　General（常规）选项组

● On（开启）：开启或关闭 VRay 灯光。只有在 On 被勾选时，灯光设置才会对场景起作用。如图 1.74 所示分别为勾选和未勾选此选项的效果。

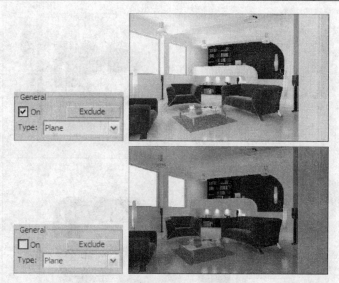

图 1.74

● Exclude（排除）：为排除设置，可以设置场景中的任何物体是否受这个灯光的照明和阴影的影响。如图 1.75 所示为在所有灯光的参数设置中将"墙面"物体的照明和阴影排除后的效果。

● Type（类型）：VRay 灯光类型。共有三种，分别为 Plane（平面）、Dome（圆顶形）和 Sphere（球形）。

2. Intensity（强度）选项组

● Color（颜色）：定义 VRay 灯光光线颜色，效果如图 1.76 所示。

图 1.75

图 1.76

● Multiplier（倍增值）：VRay 灯光倍增值，数值越大发光效果越强烈。如图 1.77 所示为将场景中的 VRayLight02 的倍增值设置为 5 和 20 的效果。

3. Size（尺寸）选项组

● Size（尺寸）：设置 VRay 灯光的尺寸。如图 1.78 所示为对 VRayLight02 进行尺寸设置前后的效果对比。

4. Options（选项）选项组

● Double-sided（双面）：当 VRay 灯光使面光源时，开启此选项可以产生双面发光，否则只有 VRay 导向箭头指向的面才会发光。

● Invisible（不可见）：光源隐藏，开启此选项可以在保留光照的情况下将光源隐藏，否则会显示光源模型。如图 1.79 所示分别为对灯光 VRayLight01 进行隐藏设置前后的效果对比。

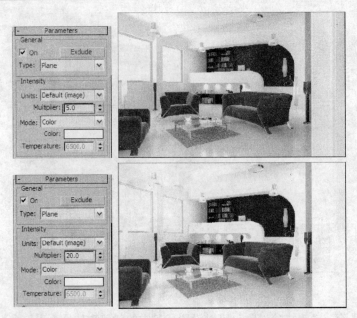

图 1.77

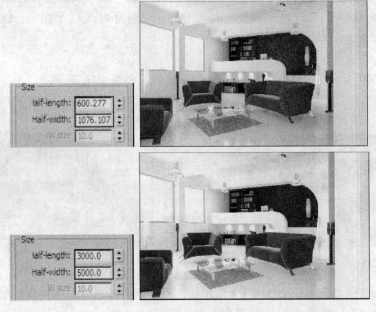

图 1.78

● Ignore lightno normals（光源法线处理）：可以控制 VRay 对光源法线的调节，系统为使渲染结果平滑，通常默认开启此项。

● No decay（关闭光线衰减）：一般情况下灯光亮度会按照与光源距离平方倒数的方式进行衰减，勾选此选项后，灯光的强度不会随距离的增加而衰减。如图 1.80 所示为 VRayLight01 的参数设置中未勾选和勾选前后的效果对比。

● Skylight protal（天光入口）：开启后灯光的颜色和倍增值参数会被忽略，而是以环境光的颜色和亮度为准。如图 1.81 所示为 VRayLight02 的参数设置中勾选 Skylight protal 后的效果。

图 1.79

图 1.80

图 1.81

● Store with irradiance map（储存发光贴图）：开启此选项将保存当前灯光信息至最终光子贴图中。

5. Sampling（采样）选项组

● Subdivs（细分）：VRay 灯光的采样数值，数值越大画面质量越高，渲染速度越慢。如图 1.82 所示为 VRayLight02 采样数值为 1 和 20 的效果，可以看出随着数值的增大，画面质量提高了，相应渲染时间也增加了。

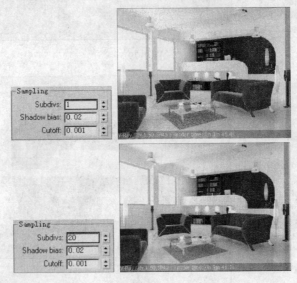

图 1.82

● Shadow bias（阴影偏移）：这个参数控制物体的阴影在渲染时的偏移程度。偏移值越低，渲染的阴影范围越大、越模糊；偏移值越高，渲染的阴影范围越小、越清晰。如图 1.83 所示为对 VRayLight02 的阴影偏移值进行设置的效果。

1.6.2 认识 VRay 阴影

在灯光的"常规参数"卷展栏中可以设置阴影为 VRay Shadows，VRayShadows params 卷展栏如图 1.84 所示。

● Transparent shadows（透明物体阴影）：此选项开启后 VRay 会屏蔽 3ds Max 默认的物体阴影。

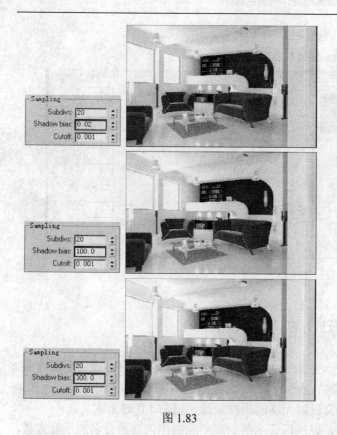

图 1.83

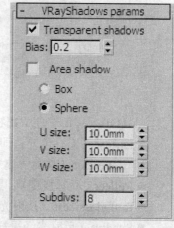

图 1.84

- Bias（阴影倾斜率）：默认为 0.2，可以调整数值来控制阴影的倾斜大小。
- Area shadow（区域阴影）：开启或关闭区域阴影。
- Box（立方体）：立方体光源。
- Sphere（球体）：球体光源。
- U size（U 方向尺寸）：光源 U 方向尺寸（如果选择球形光源，此数值为球形半径）。
- V size（V 方向尺寸）：光源 V 方向尺寸（如果选择球形光源，此数值无效）。
- W size（W 方向尺寸）：光源 W 方向尺寸（如果选择球形光源，此数值无效）。
- Subdivs（细分）：定义计算阴影时的采样值。

1.7 掌握 VRay 材质

在 VRay 渲染器中使用 VRay 专用材质可以获得较好的物理照明效果、较快的渲染速度以及更方便的反射/折射参数调节。VRay 专用材质还可以针对接收和传递光能的强度进行控制，防止色溢现象发生。在 VRay 材质中可以运用不同的纹理贴图、控制反射/折射、增加凹凸和置换贴图、强制直接 GI 计算、为材质选择不同的 BRDF 类型等。

这里介绍 3 种 VRay 常用的材质类型，分别是 VRayMtl、VRayLightMtl 和 VRayMtlWrapper。

1.7.1 VRayMtl 材质类型

VRayMtl 可以替代 3ds Max 的默认材质，它的突出之处是可以轻松控制物体的模糊反射和折射以及类似蜡烛效果的半透明材质。

一、Basic parameters（基本参数）卷展栏

VRayMtl 材质类型的 Basic parameters 卷展栏如图 1.85 所示。

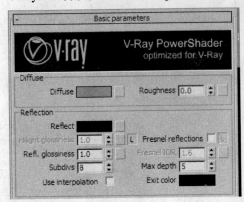

图 1.85

1. Diffuse（固有色）选项组

● Diffuse（固有色）：即材质的漫反射，可以使用贴图覆盖。

2. Reflection（反射）选项组

● Reflect（反射强度）：黑色代表无反射效果，白色则代表全面反射，可以使用贴图覆盖。

● Refl.glossiness（反射光泽度）：数值越小反射的效果越模糊，默认为 1.0。

● Subdivs（反射光泽采样值）：定义反射光泽的采样数量，值为 1.0 时无意义。

● Fresnel reflections（菲涅耳反射）：以法国著名的物理学家提出的理论命名的反射方式，以真实世界反射为基准，随着光线表面法线的夹角接近 0 度，反射光线也会递减至消失。

● Max depth（反射贴图最大深度）：当反射强度大于此数值时将反射输出颜色。

● Exit color（输出颜色）：反射强度大于反射贴图最大深度值时，将反射此设定颜色。

● Use interpolation（使用插补）：使用一种类似于灰度贴图的方案来加快模糊反射的计算速度，通过 Reflections interpolation 卷展栏中的参数进行控制。

3. Refraction（折射）选项组

● Refract（折射强度）：黑色代表无折射效果，白色代表垂直折射，可以使用贴图覆盖。

● Glossiness（折射光泽度）：数值越小折射的效果越模糊，默认为 1.0。

● Subdivs（折射光泽采样值）：定义折射光泽的采样数量，值为 1.0 时无意义。

● IOR（折射率）：定义材质折射率。

● Max depth（折射贴图最大深度）：当折射强度大于此数值时将反射输出颜色。

● Exit color（输出颜色）：折射强度大于折射贴图最大深度值时，将折射此设定颜色。

● Fog color（雾色）：定义雾填充折射时的颜色。

● Fog multiplier（雾倍增值）：数值越大雾的浓度越大，当数值为 0.0 时，雾为全透明。

● Use interpolation（使用插补）：使用一种类似于灰度贴图的方案来加快模糊折射的计算速度，通过 Refractions interpolation 卷展栏中的参数进行控制。

● Affect shadows（影响阴影）：开启/关闭阴影效果。

● Affect channels（影响通道）：开启/关闭通道效果。

4. Translucency（半透明性质）选项组

● Thickness（半透明层浓度）：当光线进入半透明材质的强度超过此值后，VRay 便不会

计算材质更深处的光线，此选项只有开启了半透明性质后才可使用。

● Light multiplier（灯光倍增器）：定义材质内部的光线反射强弱，此选项只有开启了半透明性质后才可使用。

● Scatter coeff（散射系数）：定义半透明物体散射光线的方向。

● Fwd/bck coeff（向前/向后系数）：定义半透明物体内部的向前/或向后的散射光线数量。

二、BRDF 卷展栏

● VRayMtl 材质类型的 BRDF（双向反射分布函数）卷展栏如图 1.86 所示。

● BRDF 卷展栏主要控制双向反射分布，定义物体表面的光能影响和空间反射性能，可以选择 Phong（光滑塑料）、Blinn（木材面）和 Ward（避光）三种物体特性。

● Anisotropy（各向异性）： 以各个点为中心，逐渐化成椭圆形。

● Rotation（旋转）：设置高光的旋转角度 。

● Local axis（本地轴向锁定）：各向异性锁定到对象自身的局部坐标上。

● Map channel（贴图通道）：利用贴图通道控制各向异性的方向。

三、Options（选项）卷展栏

VRayMtl 材质类型的 Options 卷展栏如图 1.87 所示。

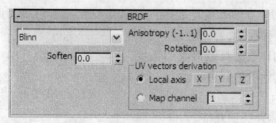

图 1.86

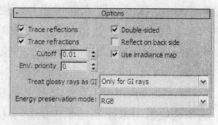

图 1.87

● Trace reflections（追踪反射）：开启或者关闭反射。

● Trace refractions（追踪折射）：开启或者关闭折射。

● Cutoff（剪切）：反射和折射之间的阈值，定义反射和折射在最后结束光追踪后的最小分布。

● Double-sided（双面材质）：开启该选项后，物体法线相反的一面也可以进行显示和渲染。

● Reflect on back side（计算光照面背面）：强制 VRay 追踪物体背面的光线。

● Use irradiance map（使用发光贴图计算）：开启此选项后，材质物体使用光照贴图来进行照明。

● Energy preservation mode（光照存储模式）：VRay 支持 RGB 彩色存储和 Monochrome（单色）存储。

1.7.2 VRayMtlWrapper（VRay 材质包裹）材质类型

VRay 渲染器提供的 VRayMtlWrapper 材质可以嵌套 VRay 支持的任何一种材质类型，并且可以有效地控制 VRay 的色溢。它就类似一个材质包裹，任何材质经过它的包裹后，可以控制接收和传递光子的强度。该材质类型的参数卷展栏如图 1.88 所示。

Base material（基本材质）：被嵌套的材质。

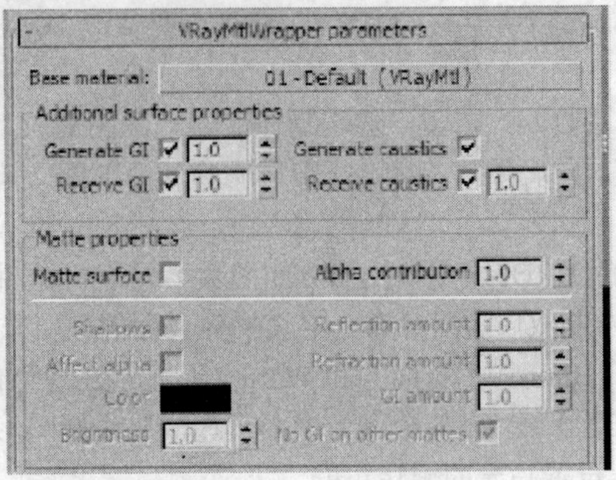

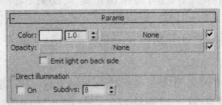

图 1.88

1. Additional surface properties（添加更多的表面属性）选项组

● Generate GI（产生光能传递）：控制物体表面光能传递产生的强度。这个值小的话，传达到第二个物体的颜色会减少，色溢现象也会随之减少。

● Receive GI（接收光能传递）：控制物体表面光能传递接收的强度。数值越高，收到更强烈的光，就会越亮；数值越低，吸收的光越少，就会更暗。

● Receive caustics（接收焦散）：控制物体表面焦散接收的强度。

● Caustics multiplier（焦散倍增）：控制焦散的强度。

2. Matte properties（遮罩属性）选项组

这个选项组用来控制场景中的影子和物体合成的功能。

1.7.3 VRayLightMtl（VRay 灯光材质）材质类型

VRayLightMtl 可用于制作类似自发光灯罩这样的材质，该材质类型的参数卷展栏如图 1.89 所示。

图 1.89

● Color（颜色）：控制物体的发光颜色。

● 色样后方的数值：倍增值，控制物体发光强度。

● 数值后方的贴图按钮：指定材质来替代颜色。

● Opacity（透明贴图）：通过指定贴图来控制自发光的颜色。

● Emit light on back side（强制背面发光）：增加背光效果。

第2章 时尚小客厅

2.1 时尚小客厅空间简介

本章案例展示了一个极具现代感的时尚小客厅空间。

本场景采用了室外天光的表现手法，阳光穿过落地窗进入室内，不仅照亮了客厅，而且让室内空间和室外景物有机地结合起来，使主人在休闲娱乐之余，还可以一览室外春色。案例效果如图 2.1 所示。

如图 2.2 所示为客厅模型的线框效果图。

图 2.1

图 2.2

下面进行测试渲染参数设置。

2.2 测试渲染设置

打开本书配套素材提供的"第 2 章\时尚小客厅源文件.Max"场景文件，如图 2.3 所示，可以看到这是一个已经创建好的客厅场景模型，并且场景中的摄影机已经创建好。

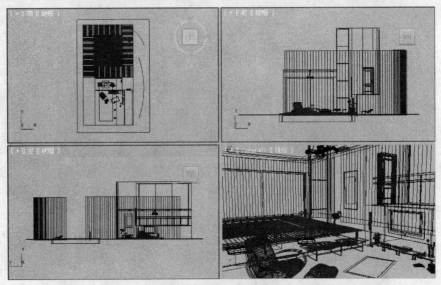
图 2.3

下面首先进行测试渲染参数设置，然后为场景布置灯光。灯光布置主要是室外天光的创建，它是场景的主要照明光源，对场景的亮度及层次起决定性作用。

2.2.1　设置测试渲染参数

测试渲染参数的设置步骤如下。

（1）按 F10 键打开"渲染设置"对话框，在"公用"选项卡的"指定渲染器"卷展栏中单击"产品级"右侧的 （选择渲染器）按钮，然后在弹出的"选择渲染器"对话框中选择安装好的 V-Ray Adv 1.50.SP4a 渲染器，如图 2.4 所示。

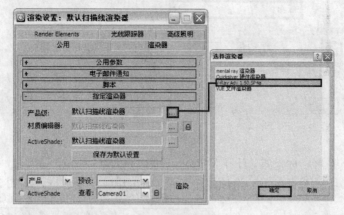

图 2.4

（2）在"公用参数"卷展栏中设置较小的图像尺寸，如图 2.5 所示。

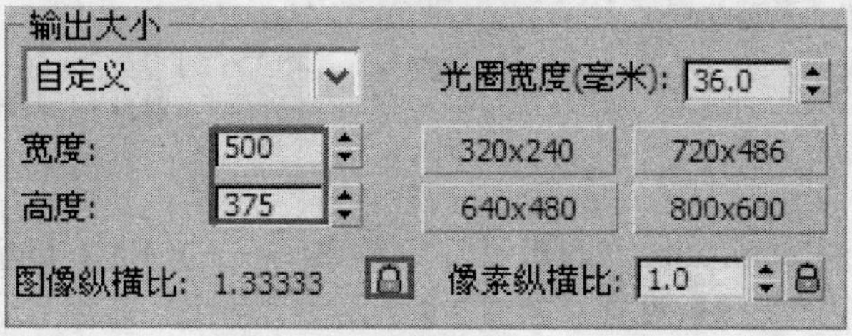

图 2.5

（3）进入 V-Ray 选项卡，在 V-Ray::Global switches（全局开关）卷展栏中进行参数设置，如图 2.6 所示。

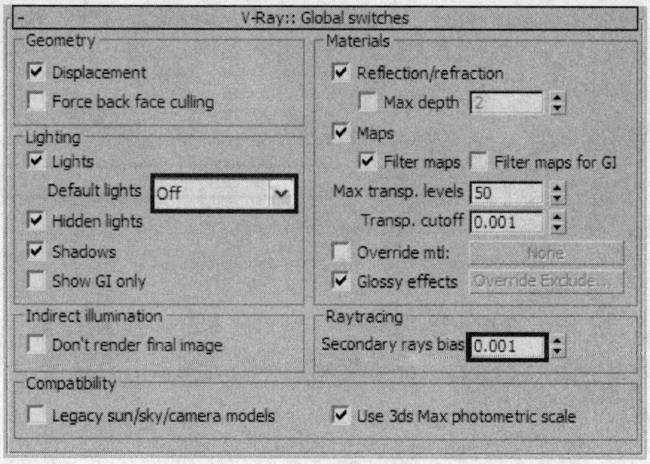

图 2.6

提示：Default lights 为默认灯光开关。

（4）进入 V-Ray:Image sampler（Antialiasing）（抗锯齿采样）卷展栏中，参数设置如图 2.7 所示。

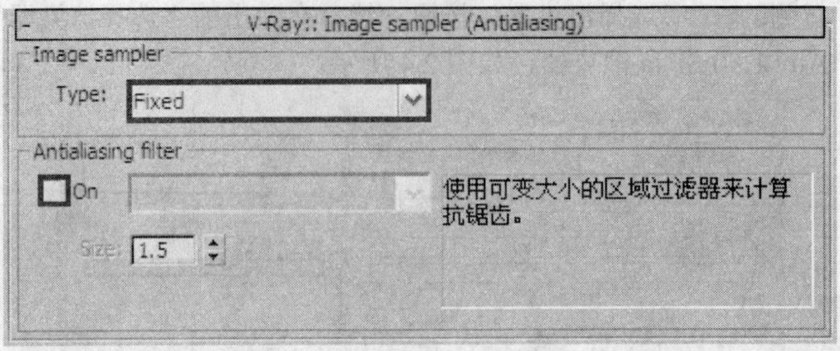

图 2.7

（5）下面对环境光进行设置。打开 V-Ray: :Environment（环境）卷展栏，在 GI Environment (skylight)override（环境天光覆盖）选项组中勾选 On（开启）复选框，如图 2.8 所示。

图 2.8

（6）进入 Indirect illumination（间接照明）选项卡，在 V-Ray: :Indirect illumination（GI）（间接照明）卷展栏中进行参数设置，如图 2.9 所示。

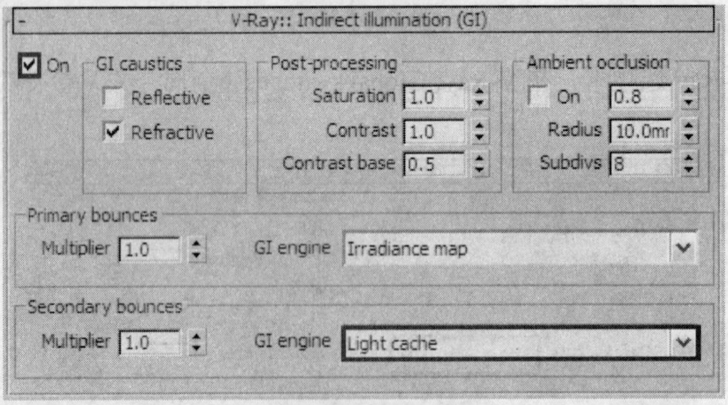

图 2.9

提示：只有勾选 On 复选框后，该选项卡中的其他参数才能被激活，在 Secondary bounes（次级漫反射）选项组中选择 Light cache（灯光缓存）选项后，该选项卡中会出现 Light cache（灯光缓存）卷展栏。

（7）在 V-Ray::Irradiance map（发光贴图）卷展栏中设置参数，如图 2.10 所示。

（8）在 V-Ray::Light cache（灯光缓存）卷展栏中设置参数，如图 2.11 所示。

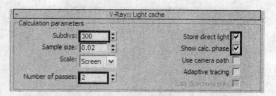

图 2.10　　　　　　　　　　　　　　　　　　图 2.11

　　提示：预设测试渲染参数是根据自己的经验和计算机本身的硬件配置得到的一个相对较低的渲染设置，读者可以作为参考，也可以自己尝试一些其他的参数设置。

2.2.2　布置场景灯光

　　时尚小客厅场景要表现的是白天时的效果，所以室外天光是场景的主要照明光源。除了上面的环境光照明外，下面将通过 VRayLight 面光源来模拟室外的天光。

　　（1）首先设置从落地窗进入室内的户外天光。单击 ![创建] （创建）按钮进入创建命令面板，再单击 ![灯光] （灯光）按钮，在下拉菜单中选择 VRay 选项，然后在"对象类型"卷展栏中单击 VRayLight 按钮，在窗外创建一盏 VRayLight 面光源。位置如图 2.12 所示。灯光参数设置如图 2.13 所示。

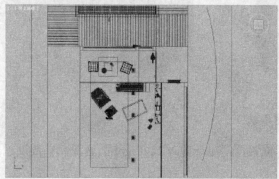
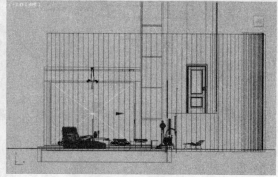

图 2.12

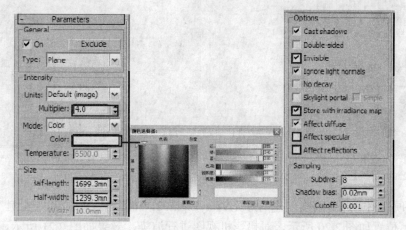

图 2.13

（2）在顶视图中选中刚刚创建的灯光 VRayLight01，按住 Shift 键将其沿 Y 轴向下关联复制一盏灯光，位置如图 2.14 所示。对摄影机视图进行渲染，效果如图 2.15 所示。

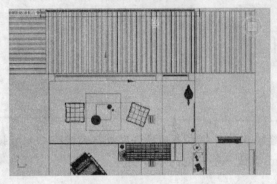

图 2.14　　　　　　　　　　　　　　　　图 2.15

（3）观察场景渲染效果，可以看到场景靠近窗户处严重曝光，下面通过调整场景曝光参数来降低场景亮度。按 F10 键打开"渲染设置"对话框，进入 V-Ray 选项卡，在 V-Ray::Color mapping（色彩映射）卷展栏中进行曝光控制，参数设置如图 2.16 所示。再次渲染效果如图 2.17 所示。

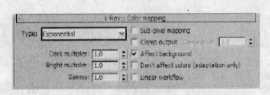

图 2.16　　　　　　　　　　　　　　　　图 2.17

提示： 从渲染效果中可以看到场景曝光问题解决了。

（4）按照前面所述方法，在如图 2.18 所示位置再创建一盏 VRayLight 面光源，参数设置如图 2.19 所示。

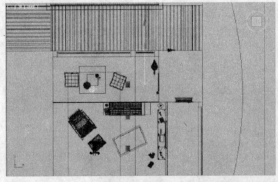
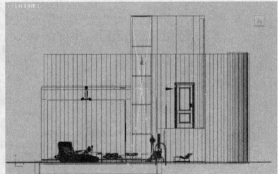

图 2.18

（5）在顶视图中选中刚刚创建的灯光 VRayLight02，将其沿 Y 轴向以"实例"方式向下关联复制一盏，位置如图 2.20 所示。对摄影机视图进行渲染，效果如图 2.21 所示。

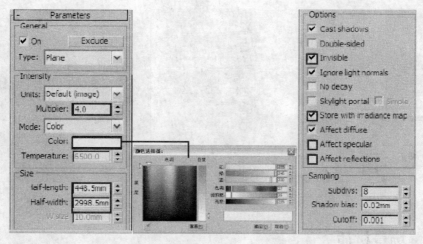

图 2.19

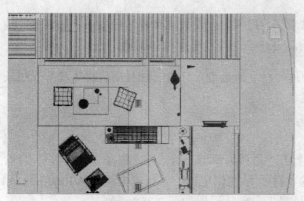

图 2.20

图 2.21

（6）最后在如图 2.22 所示位置再创建一盏 VRayLight 面光源，来模拟侧窗的天光效果，设置其参数如图 2.23 所示。

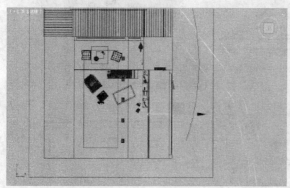

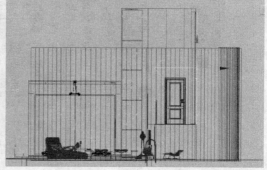

图 2.22

（7）对摄影机视图再次进行渲染，效果如图 2.24 所示。

上面已经对场景的灯光进行了布置，最终测试结果比较满意，测试完灯光效果后，下面进行材质设置。

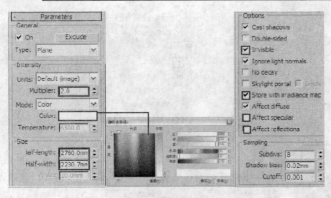

图 2.23 图 2.24

2.3 设置场景材质

灯光测试完成后，就可以为模型制作材质了。通常，先设置主体模型的材质，如墙体、地面、外景等，然后依次设置单个模型的材质，如椅子、沙发等家具和饰物。

提示： 在制作模型的时候就必须清楚物体的材质的区别，将同一种材质的物体进行成组或塌陷，这样可以在赋予物体材质的时候方便很多。

2.3.1 设置场景主体材质

（1）下面首先设置外景材质。按 M 键打开"材质编辑器"对话框，选择一个空白材质球，单击 Standard （标准）按钮，在弹出的"材质/贴图浏览器"对话框中选择 VRayLightMtl（VRay 发光材质）材质，将材质命名为"外景"，参数设置如图 2.25 所示。

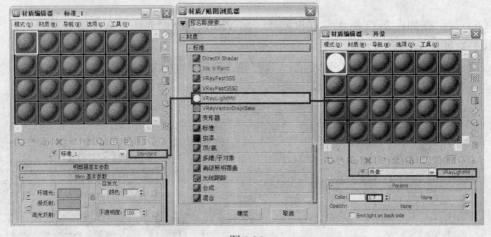

图 2.25

（2）在 VRayLightMtl 材质层级，单击其中的 None 贴图通道按钮，为其添加一个"位图"贴图，参数设置如图 2.26 所示。贴图文件为本书配套素材提供的"第 2 章\贴图\land059.jpg"。

（3）返回 VRayLightMtl 材质层级，单击 VRayLightMtl 按钮，为"外景"材质添加一个 VRayMtlWrapper（VRay 材质包裹）材质，操作及参数设置如图 2.27 所示。

提示： VRayMtlWrapper 材质类似于包裹材质，它可以嵌套在 VRay 支持的所有材质之中，以此来控制物体接受和反弹光线的强度。该材质可以有效控制 VRay 渲染的色溢问题。

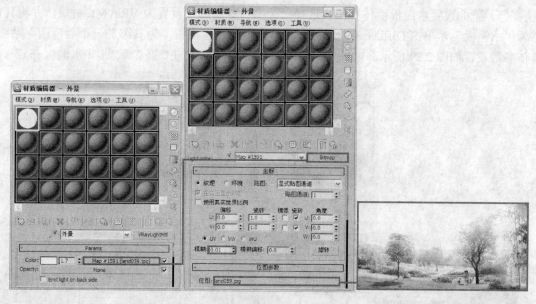

图 2.26

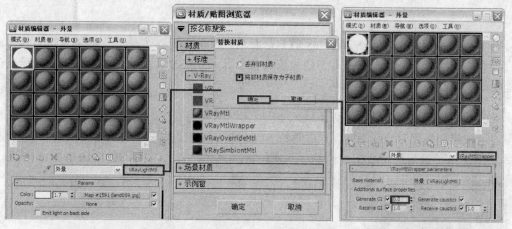

图 2.27

（4）将材质指定给物体"外景"，对摄影机视图进行渲染，效果如图 2.28 所示。

图 2.28

提示：在本场景中部分物体材质已经事先设置好了，在此只对一些主要的、有代表性的材质进行讲解。

（5）下面设置水泥板墙体材质。选择一个空白材质球，设置为 VRayMtl 材质，并将其命名为"水泥板"，单击 Diffuse（漫反射）右侧的贴图通道按钮，为其添加一个"位图"贴图，具体参数设置如图 2.29 所示。贴图文件为本书配套素材提供的"第 2 章\贴图\水泥板.jpg"。

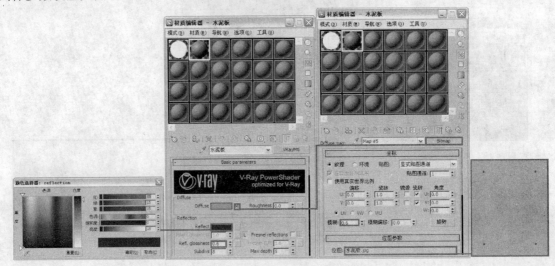

图 2.29

提示：VRayMtl 可以代替 3ds Max 的默认材质，使用它可以方便、快捷地表现出物体的反射、折射效果，它还可以表现出真实的次表面散射效果（SSS 效果），如皮肤、玉石等物体的半透明效果。

（6）返回 VRayMtl 材质层级，进入 Maps（贴图）卷展栏，将 Diffuse（漫反射）右侧的贴图通道按钮拖曳到 Bump（凹凸）右侧的 None 贴图按钮上，以"实例"方式进行关联复制，如图 2.30 所示。最后将材质指定给物体"水泥板墙体"，进行渲染，效果如图 2.31 所示。

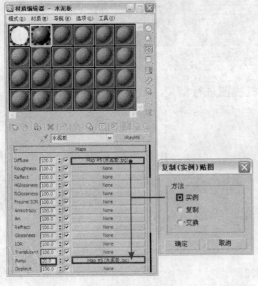

图 2.30

图 2.31

（7）下面设置地面材质。选择一个空白材质球，设置为 VRayMtl 材质，并将其命名为"木地板"，单击 Diffuse 右侧的贴图通道按钮，为其添加一个"位图"贴图，具体参数设置如图 2.32 所示。贴图文件为本书配套素材提供的"第 2 章\贴图\地板 052.JPG"。

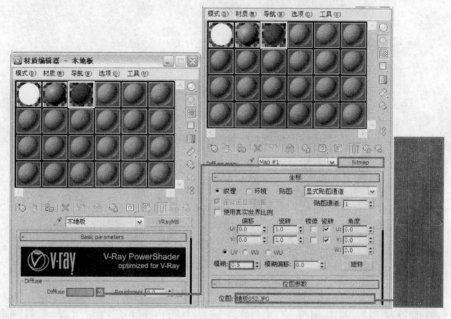

图 2.32

（8）返回 VRayMtl 材质层级，单击 Reflect（反射）右侧的贴图通道按钮，为其添加一个"衰减"程序贴图，具体参数设置如图 2.33 所示。

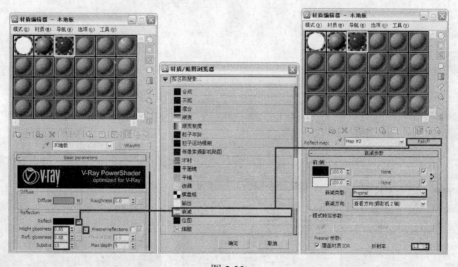

图 2.33

提示： Reflect（反射）是靠颜色的灰度来控制的，颜色越白反射越强，越黑反射越弱；而这里选择的颜色则是反射出来的颜色。单击旁边的按钮，可以使用贴图的灰度来控制反射的强弱（颜色分为色度和灰度，灰度是控制反射的强弱的，色度是控制反射出什么颜色的）。

（9）再返回 VRayMtl 材质层级，进入 Maps 卷展栏，将 Diffuse 右侧的贴图通道按钮拖曳到 Bump 右侧的 None 贴图按钮上，以"实例"方式进行关联复制，如图 2.34 所示。

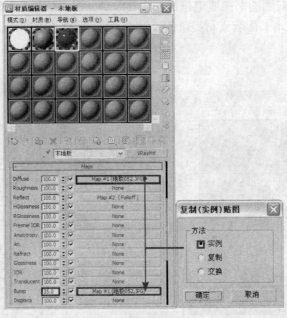

图 2.34

（10）因地板材质贴图饱和度较高，且在场景中所占面积较大，很容易对画面造成大面积色溢，下面为其添加 VRayMtlWrapper（VRay 材质包裹）材质，从而有效地控制地板色溢。再返回 VRayMtl 材质层级，单击 VRayMtl 按钮，为其添加一个 VRayMtlWrapper 材质，参数设置如图 2.35 所示。最后将材质指定给物体"地面"，进行渲染，效果如图 2.36 所示。

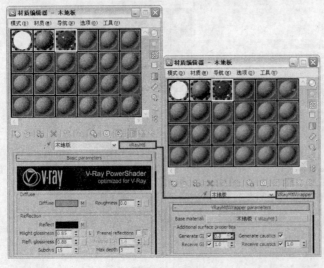

图 2.35

图 2.36

2.3.2 设置场景布纹材质

（1）首先设置地毯材质，地毯材质分为两部分，其中 ID 号已经设置好了，下面主要对其材质进行设置。选择一个空白材质球，设置为"多维/子对象"材质，并将其命名为"地毯"，参数设置如图 2.37 所示。

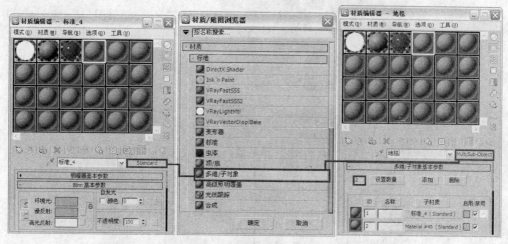

图 2.37

（2）在"多维/子对象"材质层级，单击 ID1 右侧的材质通道按钮，将材质设置为 VRayMtl 材质，并将其命名为"地毯-边"，单击 Diffuse 右侧的贴图通道按钮，为其添加一个"位图"贴图，具体参数设置如图 2.38 所示。贴图文件为本书配套素材提供的"第 2 章\贴图\布料 14.jpg"。

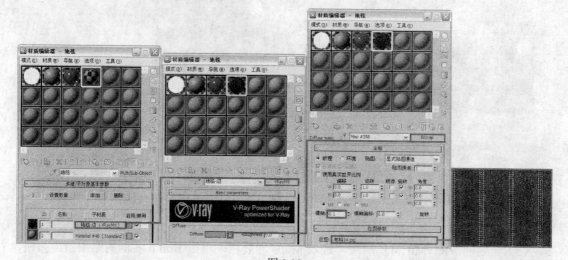

图 2.38

（3）返回 VRayMtl 材质层级，进入 Maps 卷展栏，将 Diffuse 右侧的贴图通道按钮拖曳到 Bump 右侧的 None 贴图按钮上，以"实例"方式进行关联复制，如图 2.39 所示。

（4）返回"多维/子对象"材质层级，单击 ID2 右侧的材质通道按钮，将材质设置为 VRayMtl 材质，并将其命名为"地毯-内"，单击 Diffuse 右侧的贴图通道按钮，为其添加一个"位图"贴图，具体参数设置如图 2.40 所示。贴图文件为本书配套素材提供的"第 2 章\贴图\bw-128.jpg"。

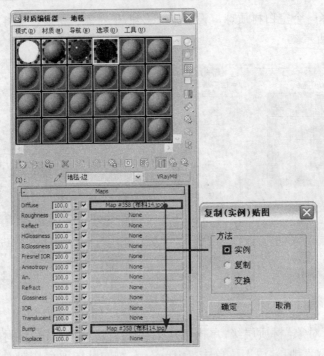

图 2.39

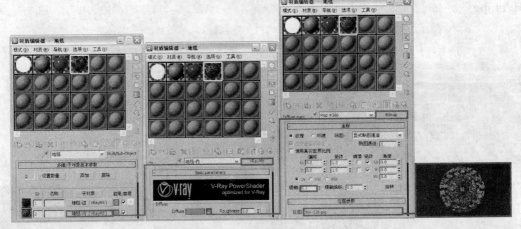

图 2.40

（5）再返回 VRayMtl 材质层级，进入 Maps 卷展栏，单击 Bump 右侧的贴图通道按钮，为其添加一个"位图"贴图，参数设置如图 2.41 所示。贴图文件为本书配套素材提供的"第 2 章\贴图\CARPTTAN.JPG"。

（6）最后将材质指定给物体"地毯"，进行渲染，效果如图 2.42 所示。

（7）下面再来设置一种白布材质。选择一个空白材质球，设置为 VRayMtl 材质，并将其命名为"白布"，单击 Diffuse 右侧的贴图通道按钮，为其添加一个"衰减"程序贴图，具体参数设置如图 2.43 所示。

（8）返回 VRayMtl 材质层级，单击 Reflect（反射）右侧的贴图通道按钮，为其也添加一个"衰减"程序贴图，具体参数设置如图 2.44 所示。

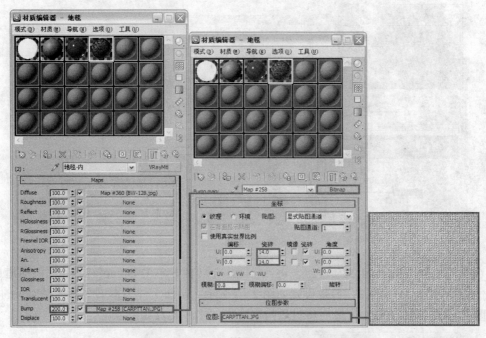

图 2.41

图 2.42

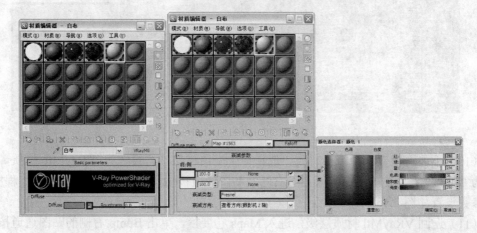

图 2.43

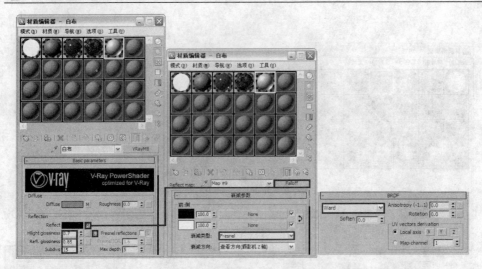

图 2.44

（9）再返回 VRayMtl 材质层级，进入 Maps 卷展栏，单击 Bump 右侧的贴图通道按钮，为其添加一个"位图"贴图，参数设置如图 2.45 所示。贴图文件为本书配套素材提供的"第 2 章\贴图\CARPTTAN.JPG"。最后将材质指定给物体"沙发及靠垫"。

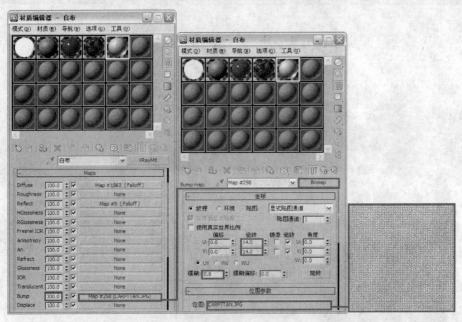

图 2.45

（10）下面再设置一种黄布材质。选择一个空白材质球，设置为 VRayMtl 材质，并将其命名为"黄布"，单击 Reflect（反射）右侧的贴图通道按钮，为其添加一个"衰减"程序贴图，具体参数设置如图 2.46 所示。

（11）返回 VRayMtl 材质层级，进入 Maps 卷展栏，单击 Bump 右侧的贴图通道按钮，为其添加一个"位图"贴图，参数设置如图 2.47 所示。贴图文件为本书配套素材提供的"第 2 章\贴图\CARPTTAN.JPG"。

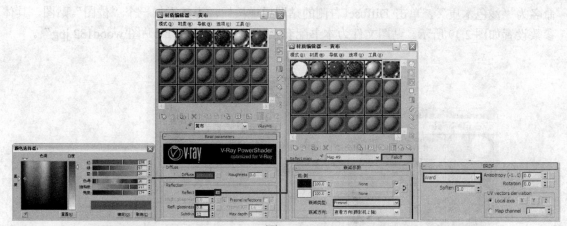

图 2.46

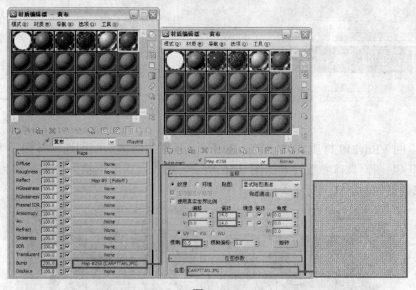

图 2.47

（12）将材质指定给物体"沙发扶手及靠背"。渲染之后，白布及黄布材质的效果如图 2.48 所示。

图 2.48

2.3.3 设置场景木质材质

（1）首先设置一种浅色木质材质。选择一个空白材质球，设置为 VRayMtl 材质，并将其

命名为"浅色木质"，单击 Diffuse 右侧的贴图通道按钮，为其添加一个"位图"贴图，具体
参数设置如图 2.49 所示。贴图文件为本书配套素材提供的"第 2 章\贴图\wood132.jpg"。

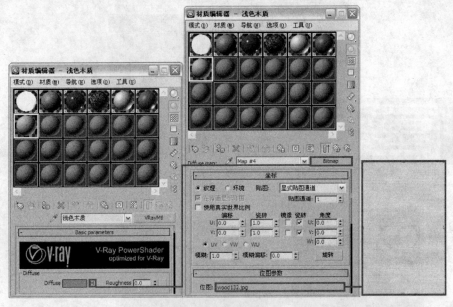

图 2.49

（2）返回 VRayMtl 材质层级，单击 Reflect（反射）右侧的贴图通道按钮，为其添加一个
"衰减"程序贴图，具体参数设置如图 2.50 所示。将材质指定给物体"木质制品 01"，渲染
之后，局部效果如图 2.51 所示。

图 2.50

（3）接下来设置一种红漆木质材质。选择一个空白材质球，设置为 VRayMtl 材质，并将
其命名为"红漆木质"，单击 Reflect（反射）右侧的贴图通道按钮，为其添加一个"衰减"程
序贴图，具体参数设置如图 2.52 所示。

图 2.51

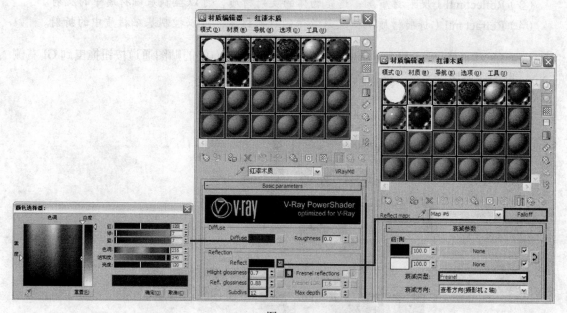

图 2.52

（4）因为红漆木质材质的 Diffuse 颜色的饱和度较高，且在场景中面积较大，很容易对画面造成局部色溢，下面为其添加一个 VRayOverrideMtl（VRay 替代材质），从而有效地控制该材质的色溢。单击 VRayMtl 材质通道按钮，为其添加 VRayOverrideMtl 材质，操作及参数如图 2.53 所示。

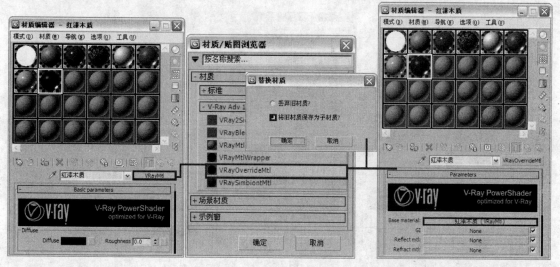

图 2.53

提示：VRayOverrideMtl（VRay 替代材质）可以让用户更自由地去控制场景的色彩融合、反射、折射等，它主要包括 4 个材质：Base（基础材质）、GI（GI 材质）、Reflect（反射材质）和 Reflact（折射材质）。

（1）Base material（基础材质）：这是物体的原有基础材质。

（2）GI（GI 材质）：这是物体的 GI 材质，灯光的反弹将依照这个材质的灰度来控制，而不是基础材质。

（3）Reflect mtl（反射材质）：这是物体的反射材质，可以控制基础材质中的反射。

（4）Refract mtl（折射材质）：这是物体的折射材质，可以控制基础材质中的折射。

（5）在 VRayOverrideMtl 材质层级，将 Base material 右侧的贴图通道按钮拖曳到 GI 右侧的 None 贴图通道按钮上，进行材质复制操作，如图 2.54 所示。

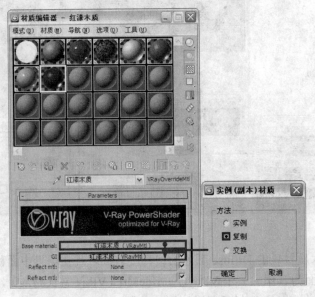

图 2.54

（6）单击 GI 右侧的材质通道按钮进入当前材质，对材质进行修改，如图 2.55 所示。

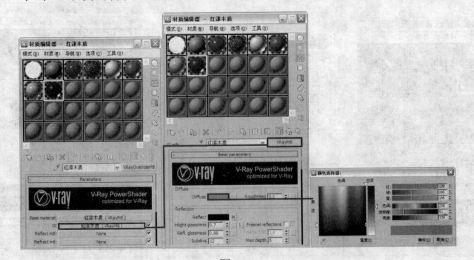

图 2.55

（7）最后将制作好的材质指定给物体"木质制品 02"，进行渲染，效果如图 2.56 所示。

图 2.56

2.3.4 设置场景其他材质

（1）首先设置一种皮革材质。选择一个空白材质球，设置为 VRayMtl 材质，并将其命名为"皮革"，参数设置如图 2.57 所示。

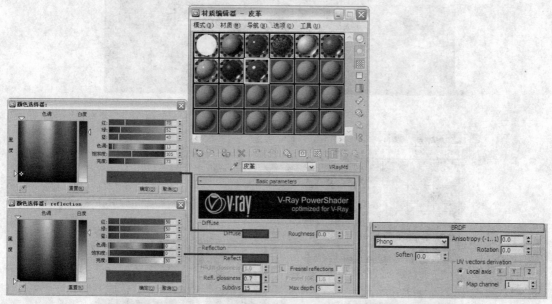

图 2.57

（2）返回 VRayMtl 材质层级，进入 Maps 卷展栏，单击 Bump 右侧的贴图通道按钮，为其添加一个"位图"贴图，参数设置如图 2.58 所示。贴图文件为本书配套素材提供的"第 2 章\贴图\leather_bump.jpg"。

（3）将材质指定给物体"皮革坐垫"，渲染效果如图 2.59 所示。

（4）下面再设置一种金属材质。选择一个空白材质球，设置为 VRayMtl 材质，并将其命名为"金属 01"，参数设置如图 2.60 所示。

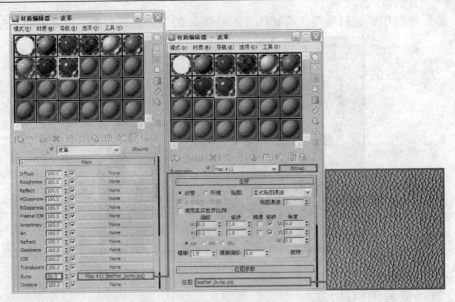

图 2.58

图 2.59

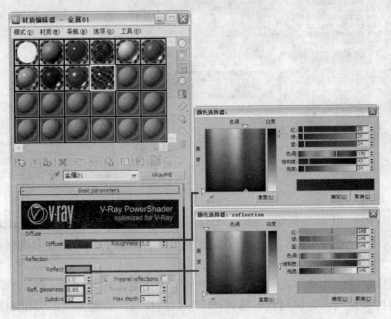

图 2.60

（5）将材质指定给物体"金属制品 01"，进行渲染，局部效果如图 2.61 所示。

图 2.61

（6）再来设置另一种金属材质。选择一个空白材质球，设置为 VRayMtl 材质，并将其命名为"金属 02"，参数设置如图 2.62 所示。将材质指定给物体"雕塑"，进行渲染，效果如图 2.63 所示。

图 2.62

图 2.63

（7）最后再来设置一种玻璃材质。选择一个空白材质球，设置为 VRayMtl 材质，并将其命名为"玻璃 01"，具体参数设置如图 2.64 所示。

（8）将材质指定给物体"护栏玻璃"，渲染效果如图 2.65 所示。

至此，场景的灯光测试和材质设置都已经完成，下面将对场景进行最终渲染设置。

图 2.64

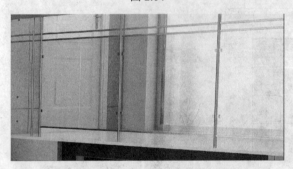

图 2.65

2.4 最终渲染设置

　　最终图像渲染是效果图制作中比较重要的一个环节，最终的渲染设置将直接影响到图像的渲染品质，但是也不是所有的参数都越高越好，主要是参数之间的一个相互平衡。下面对最终渲染设置进行讲解。

2.4.1 最终测试灯光效果

　　场景中的材质设置完毕后一定会对场景的光照有所影响，所以需要再次对场景进行渲染，观察一下场景效果。对摄影机视图进行渲染，效果如图 2.66 所示。

　　观察渲染效果发现场景较暗，下面将通过提高曝光参数来提高场景亮度，参数设置如图 2.67 所示。再次渲染效果如图 2.68 所示。

　　观察渲染效果，场景光线不需要再调整，接下来设置最终渲染参数。

图 2.66

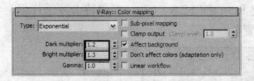

图 2.67

图 2.68

2.4.2 灯光细分参数设置

提高灯光细分值可以有效地减少场景中的杂点，但渲染速度也会相对降低，所以只需要提高一些开启阴影设置的主要灯光的细分值，而且不能设置得过高。

将场景中用来模拟天光的 5 盏 VRayLight 的灯光细分值都设置为 24，如图 2.69 所示。

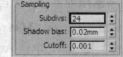

图 2.69

2.4.3 设置保存发光贴图和灯光贴图的渲染参数

为了更快地渲染出尺寸比较大的最终图像，可以先使用小的图像尺寸渲染并保存发光贴图和灯光贴图，然后再渲染大尺寸的最终图像。保存发光贴图和灯光贴图的渲染设置如下：

（1）首先在 V-Ray::Global switches（全局开关）卷展栏中勾选 Don't render final image（不渲染最终图像）选项，如图 2.70 所示。

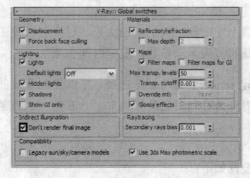

图 2.70

提示： 勾选该选项后，VRay 将只计算相应的全局光子贴图，而不渲染最终图像，从而节省一定的渲染时间。

（2）下面进行渲染级别设置。单击 Indirect illumination（间接照明）选项卡，进入 V-Ray::Irradiance map（发光贴图）卷展栏，设置参数如图 2.71 所示。

（3）进入 V-Ray: :Light cache（灯光缓存）卷展栏，设置参数如图 2.72 所示。

图 2.71

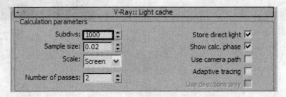
图 2.72

（4）单击 settimgs（设置）选项卡，在"V-Ray: :DMC Sample（准蒙特卡罗采样器）卷展栏中设置参数如图 2.73 所示，这是模糊采样设置。

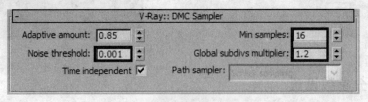
图 2.73

（5）渲染级别设置完毕后，接下来设置保存发光贴图的参数。在 V-Ray::Irradiance map（发光贴图）卷展栏中，勾选 On render end（渲染后）区域中的 Don't delete（不删除）和 Auto save（自动保存）复选框，单击 Auto save 后面的 Browse 按钮，在弹出的自动保存发光贴图对话框中输入 "发光贴图.vrmap"文件名以及选择保存路径，如图 2.74 所示。

（6）同样在 V-Ray::Light cache（灯光缓存）卷展栏中，勾选 On render end 区域中的 Don't delete 和 Auto save 复选框，单击 Auto save 后面的 Browse 按钮，在弹出的自动保存发光贴图对话框中输入"灯光贴图.vrlmap"文件名以及选择保存路径，如图 2.75 所示。

提示： 勾选发光贴图和灯光贴图的 Switch to saved map（切换到已保存贴图）选项，在渲染结束之后，当前的发光贴图模式将自动转换为 From file（来自文件）类型，并直接调用之前保存的发光贴图文件。

（7）保持"公用"选项卡中的测试时的输出大小，对摄影机视图进行渲染，效果如图 2.76 所示。由于这次设置了较高的渲染采样参数，渲染时间也增加了。

提示： 由于勾选了 Don't render final image 选项，可以发现系统并没有渲染最终图像，渲染完毕后发光贴图和灯光贴图将保存到指定的路径中，并在下一次渲染时自动调用。

2.4.4　最终成品渲染

最终成品渲染的参数设置如下：

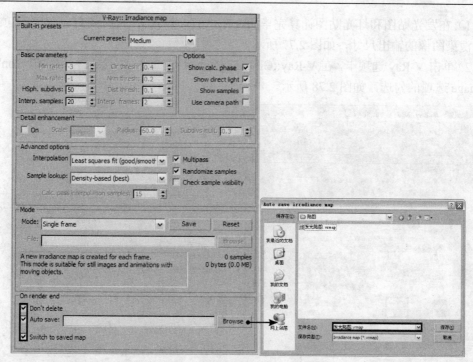

图 2.74

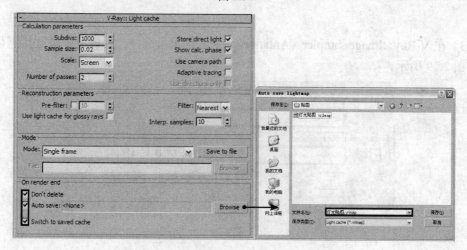

图 2.75

图 2.76

（1）在发光贴图和灯光贴图计算完毕后，在"渲染设置"对话框的"公用"选项卡中设置最终渲染图像的输出尺寸，如图 2.77 所示。

（2）单击 V-Ray 选项卡，在 V-Ray::Global switches（全局开关）卷展栏中取消 Don't render final image 选项的勾选，如图 2.78 所示。

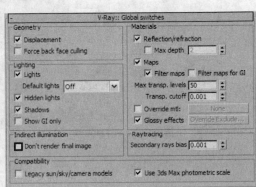

图 2.77   图 2.78

（3）在 V-Ray: :Image sampler（Antialiasing）（抗锯齿采样）卷展栏中设置抗锯齿和过滤器，如图 2.79 所示。

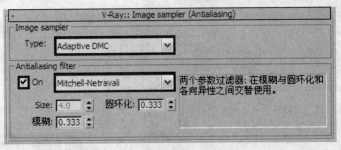

图 2.79

（4）最终渲染效果如图 2.80 所示。

图 2.80

2.5 后期处理

最后使用 Photoshop 软件对图像的亮度、对比度以及饱和度进行调整，使效果更加生动、逼真。主要使用到的命令有"曲线"、"高斯模糊"以及"USM 锐化"等。

（1）在 Photoshop CS3 软件中打开渲染图，选择菜单栏中的"图像"|"调整"|"亮度/对比度"命令，参数设置如图 2.81 所示。

（2）在"图层"调板中将"背景"图层拖动到调板下方的 🖸（创建新图层）按钮上，这样就会复制出一个副本图层，如图 2.82 所示。

图 2.81

图 2.82

（3）对复制出的图层进行高斯模糊处理。选择菜单栏中的"滤镜"|"模糊"|"高斯模糊"命令，参数设置如图 2.83 所示。

（4）将副本图层的混合模式设置为"柔光"，将"不透明度"设置为 40%，如图 2.84 所示。

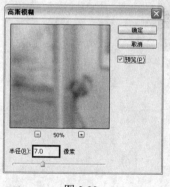

图 2.83

图 2.84

（5）按 Ctrl+E 键合并可见图层，最后对图像进行锐化处理。选择菜单栏中的"滤镜|锐化|USM 锐化"命令，参数设置如图 2.85 所示。锐化效果如图 2.86 所示。

（6）最后为其添加一个"照片滤镜"。在菜单栏中选择"图像"|"调整"|"照片滤镜"命令，在弹出的"照片滤镜"对话框中进行参数设置，如图 2.87 所示。照片滤镜效果如图 2.88 所示。

图 2.85

图 2.86

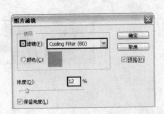

图 2.87

图 2.88

（7）经过处理的最终效果如图 2.89 所示。

图 2.89

第3章 中式客厅

3.1 中式客厅空间简介

本章案例是一个中式风格的客厅空间。中式客厅的吊顶很独特，电视墙、家具、灯饰及配饰等都流露出浓郁的中式风情，人在其中不会心浮气躁。

本场景采用了日光的表现手法，时间大约为上午 9 点左右，案例效果如图 3.1 所示。

如图 3.2 所示为客厅模型的线框效果图。

图 3.1   图 3.2

如图 3.3 所示为客厅场景的其他角度渲染效果。

图 3.3

下面进行测试渲染参数设置。

3.2 测试渲染设置

打开本书配套素材提供的"第 3 章\中式客厅源文件.Max"场景文件，如图 3.4 所示，可以看到这是一个已经创建好的客厅场景模型，并且场景中摄影机已经创建好。

下面首先进行测试渲染参数设置，然后进行灯光设置。灯光布置主要包括天光和室内光源的建立。

图 3.4

3.2.1 设置测试渲染参数

（1）按 F10 键打开"渲染设置"对话框，将渲染器设置为 V-Ray Adv 1.50.SP3a，单击"公用"选项卡，在"公用参数"卷展栏中设置较小的图像尺寸，如图 3.5 所示。

（2）单击 V-Ray 选项卡，在 V-Ray::Global switches（全局开关）卷展栏中进行参数设置，如图 3.6 所示。

图 3.5

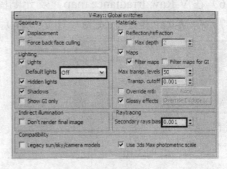

图 3.6

（3）在 V-Ray::Image sampler（Antialiasing）（抗锯齿采样）卷展栏中进行参数设置，如图 3.7 所示。

（4）下面对环境光进行设置。打开 V-Ray::Environment（环境）卷展栏，在 GI Environment(skylight)override（环境天光覆盖）选项组中勾选 On（开启）复选框，如图 3.8 所示。

（5）进入 Indirect illumination（间接照明）选项卡中，在 V-Ray::Indirect illumination（GI）（间接照明）卷展栏中进行参数设置，如图 3.9 所示。

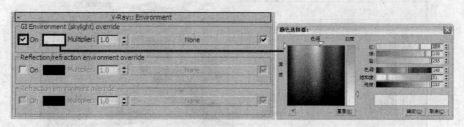

图 3.7

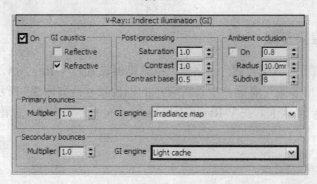

图 3.8

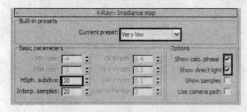

图 3.9

（6）在 V-Ray::Irradiance map（发光贴图）卷展栏中进行设置参数，如图 3.10 所示。

（7）在 V-Ray::Light cache（灯光缓存）卷展栏中进行设置参数，如图 3.11 所示。

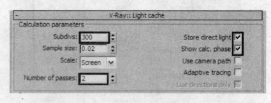

图 3.10   图 3.11

3.2.2 布置场景灯光

本场景光线来源主要为室外天光、日光和室内灯光，在为场景创建灯光前，首先用一种白色材质覆盖场景中的所有物体，这样便于观察灯光对场景的影响。

（1）按 M 键打开"材质编辑器"对话框，选择一个空白材质球，单击 Standard 按钮，在弹出的"材质/贴图浏览器"对话框中选择 VRayMtl 材质，将材质命名为"替换材质"，具体参数设置如图 3.12 所示。

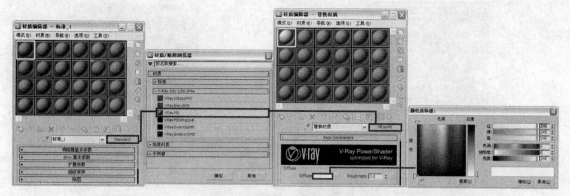

图 3.12

（2）按 F10 键打开"渲染设置"对话框，单击 V-Ray 选项卡，在 V-Ray::Global switches（全局开关）卷展栏中，勾选 Override mtl（覆盖材质）复选框，然后进入"材质编辑器"对话框中，将"替换材质"的材质球拖到 Override mtl 右侧的 NONE 材质通道按钮上，并以"实例"方式进行关联复制，具体操作过程如图 3.13 所示。

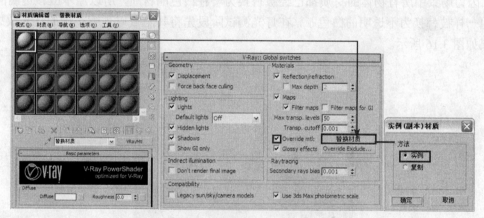

图 3.13

（3）下面创建室外部分的天光。单击 ⚙（创建）按钮进入"创建"命令面板，再单击 💡（灯光）按钮，在下拉列表中选择 Vray 选项，然后在"对象类型"卷展栏中单击 VRayLight 按钮，在场景的窗外部分创建一盏 VRayLight 灯光，如图 3.14 所示。灯光参数设置如图 3.15 所示。

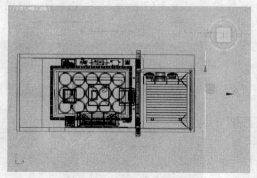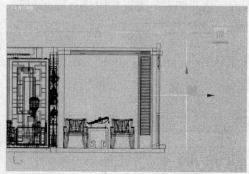

图 3.14

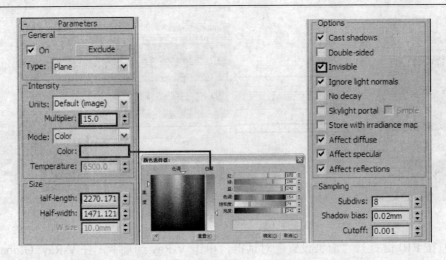

图 3.15

（4）下面对摄影机视图进行渲染。在渲染前先将场景中的物体"窗玻璃"和"室内玻璃"隐藏，因为场景中所有物体的材质都已经被替换为一种白色的材质，所以原本应该透明的玻璃材质也一样被替换为不透明的白色了，在灯光测试阶段先将其隐藏以观察正确的灯光效果，渲染效果如图 3.16 所示。

图 3.16

（5）从渲染效果可以发现场景由于天光的照射曝光严重，下面通过调整场景曝光参数来降低场景亮度。按 F10 键打开"渲染设置"对话框，单击 V-Ray 选项卡，在 V-Ray::Color mapping（色彩映射）卷展栏中进行曝光控制，参数设置如图 3.17 所示。再次渲染，效果如图 3.18 所示。

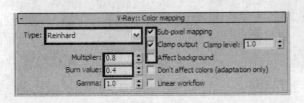

图 3.17

图 3.18

提示：观察渲染结果发现场景亮度问题已经解决。

（6）下面继续创建室外的天光。在场景侧面窗口的位置创建一盏 VRayLight 灯光，如图 3.19 所示。灯光参数设置如图 3.20 所示。

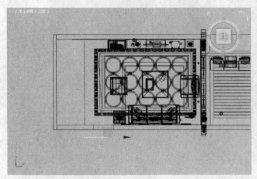 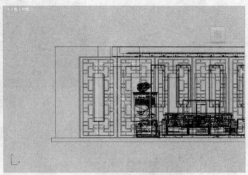

图 3.19

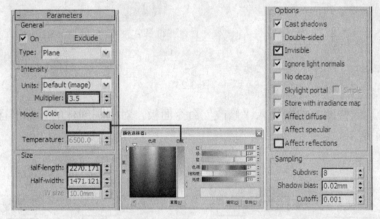

图 3.20

（7）在视图中选中刚刚创建的用来模拟室外天光的 VRayLight 灯光，将其向室内的部分关联复制出 1 盏灯光，位置如图 3.21 所示。再次对摄影机视图进行渲染，此时场景灯光效果如图 3.22 所示。

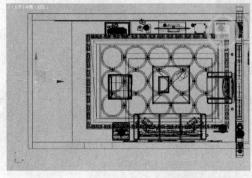 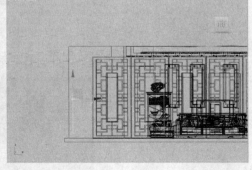

图 3.21

（8）室外的天光创建完毕，下面开始创建室外的日光。单击 ![创建] （创建）按钮进入"创建"命令面板，再单击 ![灯光] （灯光）按钮，在下拉列表中选择"标准"选项，然后在"对象类型"

卷展栏中单击 目标平行光 按钮，在视图中创建一盏目标平行光，位置如图 3.23 所示。

图 3.22

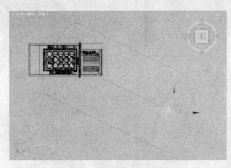 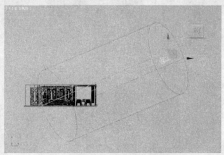

图 3.23

（9）单击 （修改）按钮进入"修改"命令面板，对刚刚创建的目标平行光的参数进行设置，如图 3.24 所示。

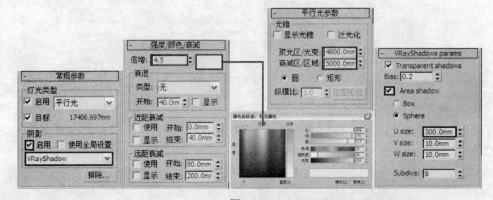

图 3.24

（10）对摄影机视图进行渲染，此时灯光效果如图 3.25 所示。

图 3.25

（11）室外的灯光创建完毕，下面创建室内的灯光效果。首先创建顶部灯池中的灯光，在顶部暗藏灯池中创建一盏 VRayLight 来模拟灯池灯光，灯光位置如图 3.26 所示。灯光参数设置如图 3.27 所示。

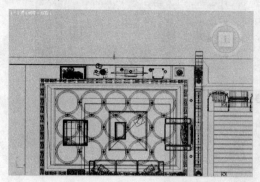 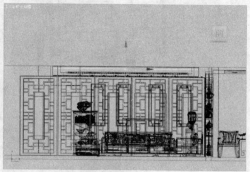

图 3.26

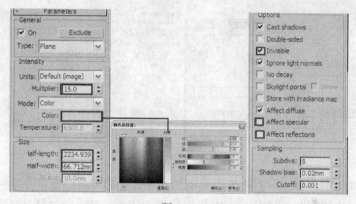

图 3.27

（12）在顶视图中，选中刚刚创建的用来模拟灯池灯光的 VRayLight，将其关联复制 3 盏到各个灯池的位置，如图 3.28 所示。对摄影机视图进行渲染，此时灯光效果如图 3.29 所示。

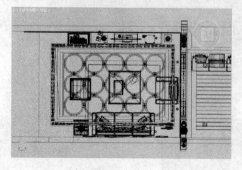 

图 3.28　　　　　　　　　　　　　　　　　　图 3.29

（13）下面开始创建顶部的筒灯灯光。单击 ※（创建）按钮进入"创建"命令面板，单击 ◎（灯光）按钮，在下拉列表中选择"光度学"选项，然后在"对象类型"卷展栏中单击 自由灯光 按钮，在如图 3.30 所示位置创建一盏自由灯光来模拟筒灯灯光。

（14）单击 ◎（修改）选项卡进入"修改"命令面板，对创建的自由灯光参数进行设置，如图 3.31 所示。光域网文件为本书配套素材提供的"第 3 章\贴图\22223.IES"文件。

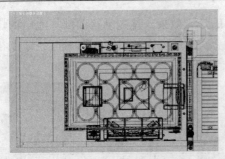 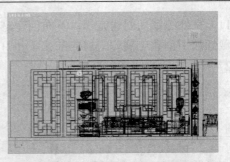

图 3.30

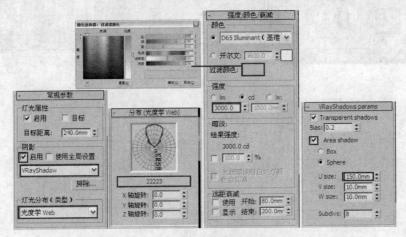

图 3.31

（15）在顶视图中，将刚刚创建的用来模拟筒灯灯光的自由灯光以"实例"方式关联复制出 6 盏，各个灯光位置如图 3.32 所示。对摄影机视图进行渲染，此时灯光效果如图 3.33 所示。

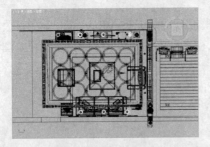 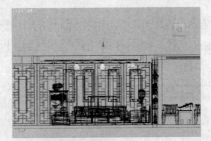

图 3.32

图 3.33

（16）下面开始创建电视机屏幕产生的光照效果。在如图 3.34 所示位置创建一盏 VRayLight 来模拟屏幕发出的光。灯光参数设置如图 3.35 所示。

（17）对摄影机视图进行渲染，此时场景灯光效果如图 3.36 所示。

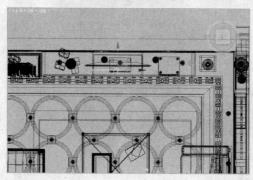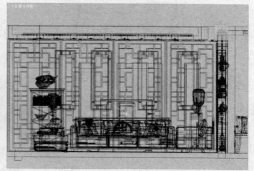

图 3.34

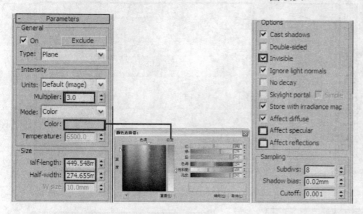

图 3.35   图 3.36

（18）下面开始创建室内的台灯灯光。在场景中台灯的位置创建一盏 VRayLight，将灯光的类型设置为 Sphere（球体），如图 3.37 所示。具体参数设置如图 3.38 所示。

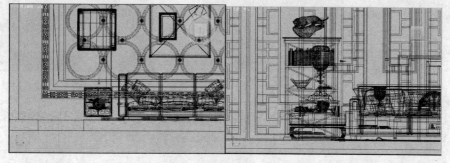

图 3.37

（19）在顶视图中，将刚刚创建的用来模拟台灯灯光的 VRayLight 以"实例"方式关联复制出 1 盏，将其移动到场景中另外一个台灯模型的位置，如图 3.39 所示。对摄影机视图进行渲染，此时灯光效果如图 3.40 所示。

（20）观察此时的渲染效果，发现场景整体偏亮、缺少细节，下面通过降低场景的二次反弹的倍增值来降低场景亮度，具体参数设置如图 3.41 所示。再次对摄影机视图进行渲染，此时灯光效果如图 3.42 所示。

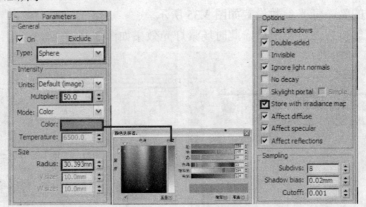

图 3.38

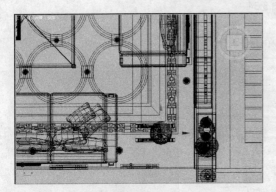

图 3.39

图 3.40

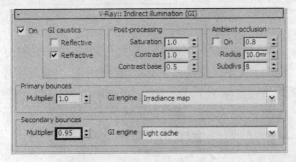

图 3.41

图 3.42

上面已经对场景的灯光进行了布置，最终测试结果比较满意，测试完灯光效果后，下面进行材质设置。

3.3 设置场景材质

中式客厅场景的材质是比较丰富的，主要集中在地板、墙纸及布料等材质设置上，如何很好地表现这些材质的效果是重点与难点。

（1）设置场景材质前，首先要取消前面对场景物体的材质替换状态。按 F10 键打开"渲染设置"对话框，单击 V-Ray 选项卡，在 V-Ray::Global switches（全局开关）卷展栏中，取消

Override mtl（覆盖材质）复选框的勾选状态，如图 3.43 所示。

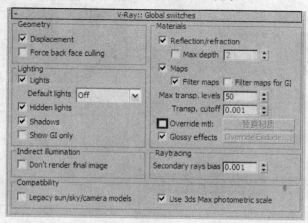

图 3.43

（2）下面设置地面部分的材质。地面分为木地板、地砖及木踏板 3 部分，因此我们将使用"多维/子对象"材质来进行设置。按 M 键打开"材质编辑器"对话框，选择一个空白材质球，单击 Standard （标准）按钮，在弹出的菜单中选择"多维/子对象"材质，并将材质命名为"地板"，具体操作过程如图 3.44 所示。

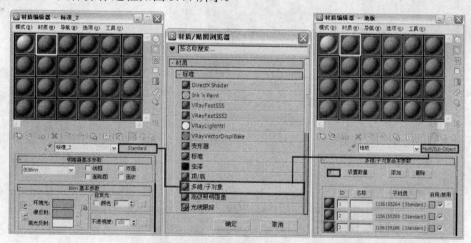

图 3.44

（3）下面设置地面部分的木地板材质。在"多维/子对象"材质层级，单击 ID1 右侧的材质通道按钮，将其设置为 VRayMtl 材质，并将其命名为"木地板"，单击 Diffuse（漫反射）右侧的贴图按钮，为其添加一个"位图"贴图，贴图文件为本书配套素材提供的"第 3 章\贴图\03.jpg"文件。具体操作过程如图 3.45 所示。

（4）返回 VRayMtl 材质层级，单击 Reflect（反射）右侧的材质通道按钮，为其添加一个"衰减"程序贴图，具体参数设置如图 3.46 所示。

（5）返回 VRayMtl 材质层级，进入 BRDF（双向反射分布）卷展栏，更改材质的高光类型为 Phong（塑性），具体参数设置如图 3.47 所示。

（6）进入 Maps（贴图）卷展栏，为 Bump（凹凸）贴图通道添加一个"位图"贴图，具体参数设置如图 3.48 所示。贴图文件为本书配套素材提供的"第 3 章\贴图\03.jpg"文件。

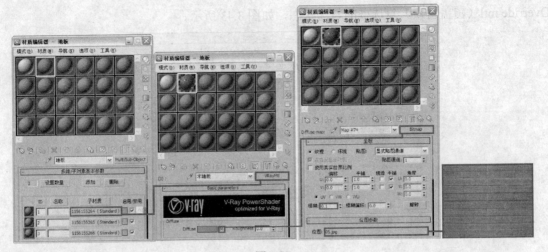

图 3.45

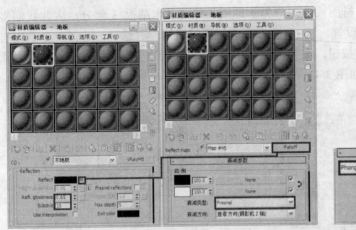

图 3.46

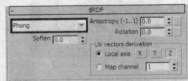

图 3.47

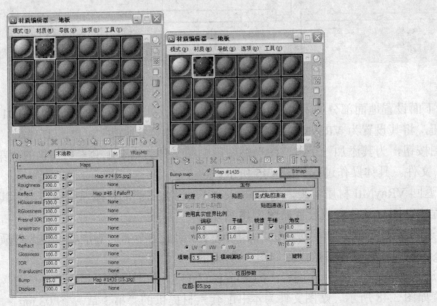

图 3.48

（7）返回"多维/子对象"材质层级，下面开始设置地面部分的地砖材质。单击 ID2 右侧的材质通道按钮，将其设置为 VRayMtl 材质，并将其命名为"地砖"，单击 Diffuse（漫反射）右侧的贴图按钮，为其添加一个"位图"贴图，参数设置如图 3.49 所示。贴图文件为本书配套素材提供的"第 3 章\贴图\SC-0231.JPG"文件。

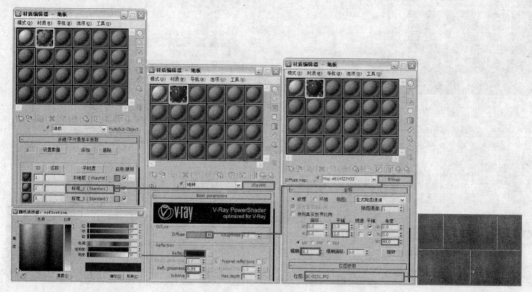

图 3.49

（8）返回 VRayMtl 材质层级，进入 Maps（贴图）卷展栏，为 Bump（凹凸）贴图通道添加一个"位图"贴图，具体参数设置如图 3.50 所示。贴图文件为本书配套素材提供的"第 3 章\贴图\SC-0231.JPG"文件。

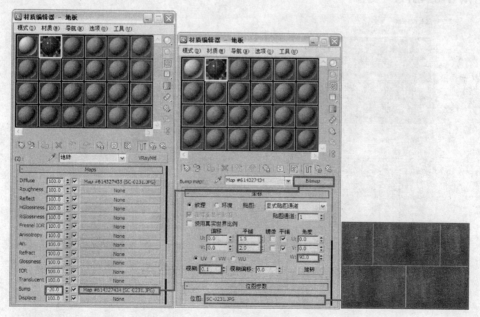

图 3.50

（9）返回"多维/子对象"材质层级，下面开始设置地面部分的地砖材质。单击 ID3 右侧的材质通道按钮，将其设置为 VRayMtl 材质，并将其命名为"木踏板"，单击 Diffuse（漫反射）右侧的贴图按钮，为其添加一个"位图"贴图，参数设置如图 3.51 所示。贴图文件为本书配套素材提供的"第 3 章\贴图\WW-024.JPG"文件。

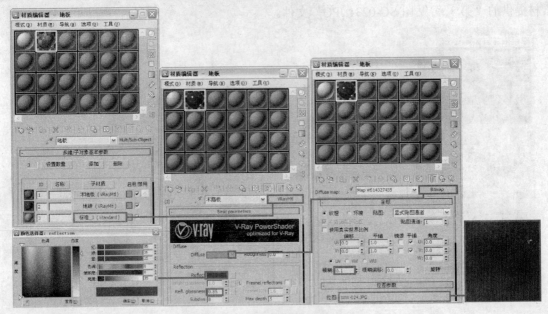

图 3.51

（10）返回 VRayMtl 材质层级，进入 Maps（贴图）卷展栏，为 Bump（凹凸）贴图通道添加一个"位图"贴图，具体参数设置如图 3.52 所示。贴图文件为本书配套素材提供的"第 3 章\贴图\WW-024.JPG"文件。

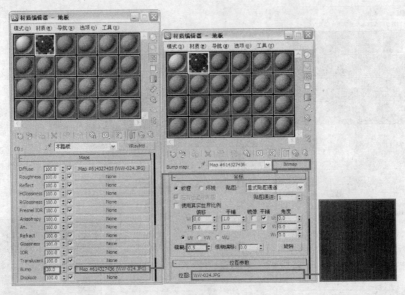

图 3.52

（11）将设置好的地板材质指定给物体"地面"，将之前隐藏的物体全部恢复显示，然后对摄影机视图进行渲染，地面局部效果如图 3.53 所示。

图 3.53

提示：场景中部分物体的材质已经事先设置好，这里仅对场景中的主要材质进行讲解。

（12）下面开始设置墙面部分的壁纸材质。选择一个空白材质球，设置为 VRayMtl 材质，将其命名为"墙面壁纸"，单击 Diffuse（漫反射）右侧的贴图按钮，为其添加一个"位图"贴图，参数设置如图 3.54 所示。贴图文件为本书配套素材提供的"第 3 章\贴图\200382116493446463.jpg"文件。

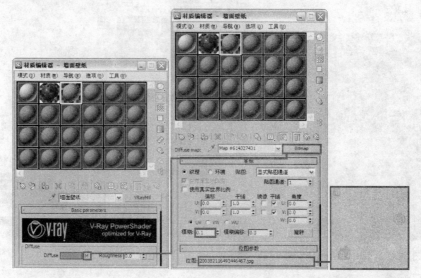

图 3.54

（13）返回 VRayMtl 材质层级，进入 Maps（贴图）卷展栏，为 Bump（凹凸）贴图通道添加一个"位图"贴图，具体参数设置如图 3.55 所示。贴图文件为本书配套素材提供的"第 3 章\贴图\200382116493446463.jpg"文件。

（14）将制作好的壁纸材质指定给物体"壁纸墙面"，对摄影机视图进行渲染，壁纸效果如图 3.56 所示。

（15）下面开始设置家具部分的清油木质材质。选择一个空白材质球，将其命名为"清油木质"，具体参数设置如图 3.57 所示。

（16）进入"贴图"卷展栏，为"反射"贴图通道添加一个 VRayMap（VRay 贴图）程序贴图，具体参数设置如图 3.58 所示。

（17）将设置好的木质材质指定给物体"家具"，对摄影机视图进行渲染，家具木材质效果如图 3.59 所示。

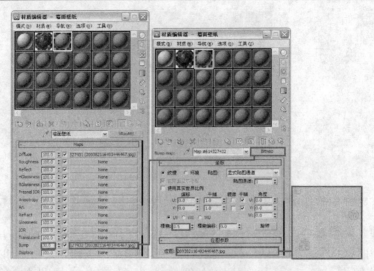

图 3.55

图 3.56

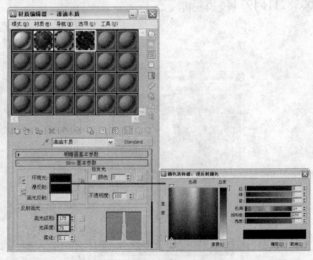

图 3.57

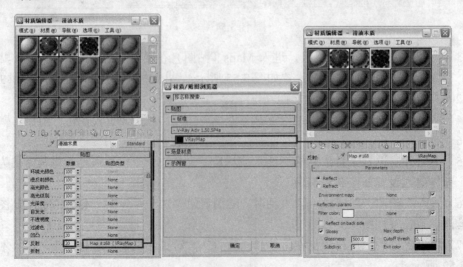

图 3.58

（18）下面开始设置靠垫布料材质。选择一个空白材质球，设置为 VRayMtl 材质，并将其命名为"靠垫布料"，单击 Diffuse（漫反射）右侧的贴图按钮，为其添加一个"衰减"程序贴图，参数设置如图 3.60 所示。

图 3.59

图 3.60

（19）如图 3.61 所示，贴图文件为本书配套素材提供的"第 3 章\贴图\258jx.jpg"文件。

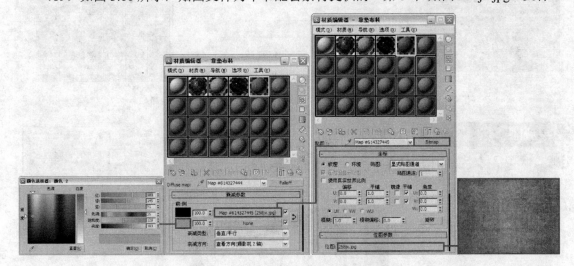

图 3.61

（20）返回 VRayMtl 材质层级，进入 Maps（贴图）卷展栏，为 Bump（凹凸）贴图通道添加一个"位图"贴图，具体参数设置如图 3.62 所示。贴图文件为本书配套素材提供的"第 3 章\贴图\沙发 02-b.jpg"文件。

（21）因为靠垫被室外的日光直接照射，极有可能产生曝光现象，为了降低靠垫的曝光程度，下面为靠垫布料材质设置 VRayMtlwrapper（VRay 材质包裹）材质，具体参数设置如图 3.63 所示。

（22）将制作好的布料材质指定给物体"靠垫"，对摄影机视图进行渲染，靠垫布料效果如图 3.64 所示。

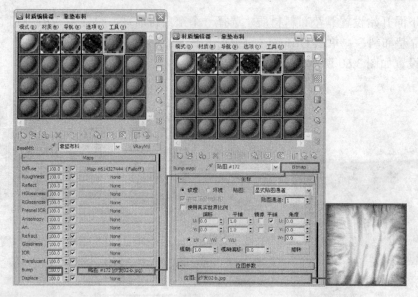

图 3.62

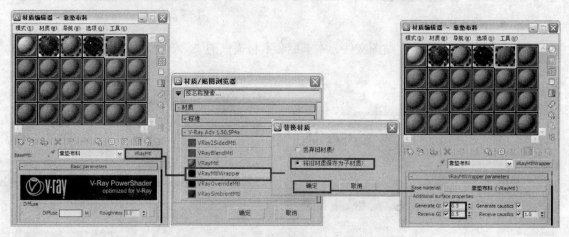

图 3.63

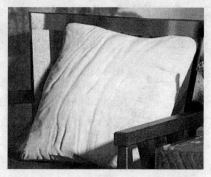

图 3.64

（23）室内的玻璃材质设置。选择一个空白材质球，设置为 VRayMtl 材质，并将其命名为"玻璃"，具体参数设置如图 3.65 所示。将制作好的玻璃材质指定给物体"室内玻璃"，对摄影机视图进行渲染，玻璃效果如图 3.66 所示。

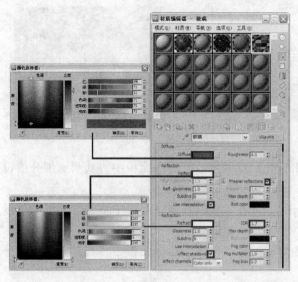

图 3.65   图 3.66

至此,场景的灯光测试和材质设置都已经完成,下面将对场景进行最终渲染设置。最终渲染设置将决定图像的最终渲染品质。

3.4 最终渲染设置

3.4.1 最终测试灯光效果

场景中材质设置完毕后需要对场景进行渲染,观察此时场景整体的灯光效果。对摄影机视图进行渲染,效果如图 3.67 所示。

图 3.67

观察渲染效果,场景光线稍微有些暗,调整一下曝光参数,具体参数设置如图 3.68 所示。再次对摄影机视图进行渲染,效果如图 3.69 所示。

观察渲染效果,场景光线不需要再调整,接下来设置最终渲染参数。

3.4.2 灯光细分参数设置

提高灯光细分值可以有效减少场景中的杂点,但渲染速度也会相对降低,所以只需要提高一些开启阴影设置的主要灯光的细分值,而且不能设置得过高。下面对场景中的主要灯光进行细分设置。

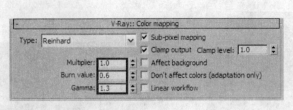

图 3.68   图 3.69

（1）选择窗口处模拟日光的目标平行光，在"修改"命令面板中将其阴影细分值设置为 20，如图 3.70 所示。

（2）选择窗口处模拟天光的 VRayLight，在"修改"命令面板中将其灯光细分值设置为 24，如图 3.71 所示。

（3）选择室内模拟筒灯灯光的自由灯光，在"修改"命令面板中将其灯光阴影细分值设置为 14，如图 3.72 所示。

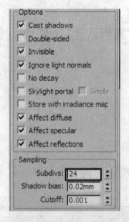

图 3.70   图 3.71   图 3.72

3.4.3　设置保存发光贴图和灯光贴图的渲染参数

在第 2 章中已经讲解过保存发光贴图和灯光贴图的方法，这里就不再重复，只对渲染级别设置进行讲解。

（1）单击 Indirect illumination（间接照明）选项卡，在 V-Ray::Irradiance map（发光贴图）卷展栏中进行参数设置，如图 3.73 所示。

（2）在 V-Ray::Light cache（灯光缓存）卷展栏中进行参数设置如图 3.74 所示。

（3）单击 Settings（设置）选项卡，在 V-Ray::DMC Sample（准蒙特卡罗采样器）卷展栏中设置参数如图 3.75 所示，这是模糊采样设置。

渲染级别设置完毕，最后设置保存发光贴图和灯光贴图的参数并进行渲染即可。

3.4.4　最终成品渲染

最终成品渲染的参数设置如下。

（1）当发光贴图和灯光贴图计算完毕后，在"渲染设置"对话框的"公用"选项卡中设置最终渲染图像的输出尺寸，如图 3.76 所示。

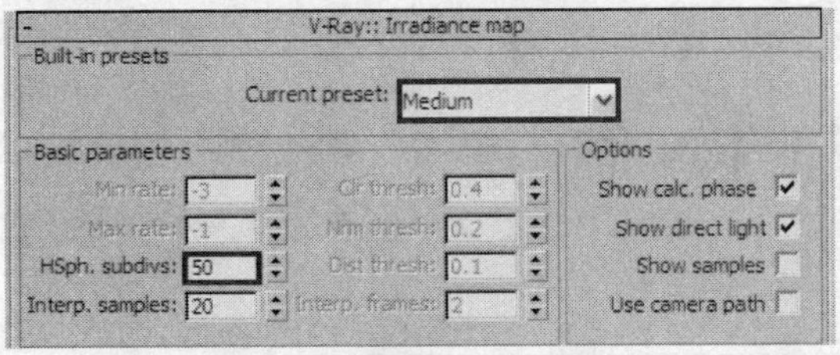

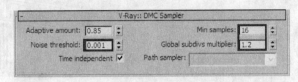

图 3.73 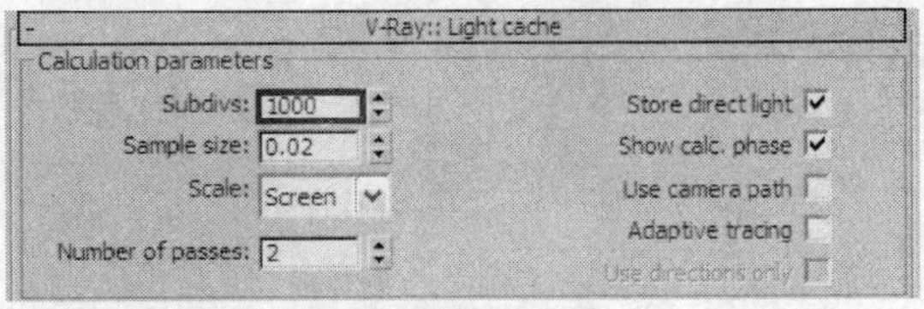 图 3.74

图 3.75

（2）单击 V-Ray 选项卡，在 V-Ray::Image sampler(Antialiasing)（抗锯齿采样）卷展栏中设置抗锯齿和过滤器，如图 3.77 所示。

图 3.76 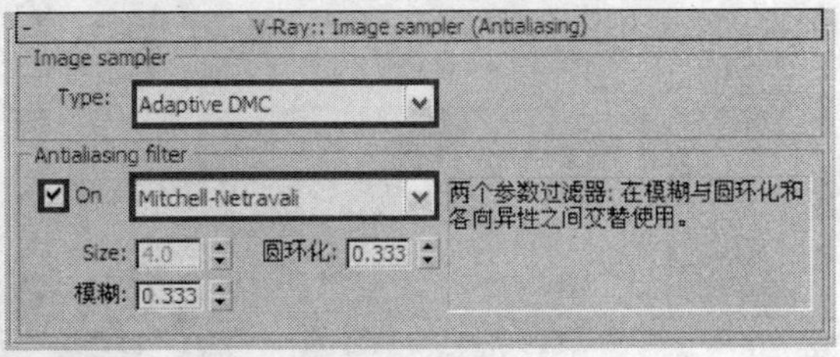 图 3.77

（3）为了方便后期处理，我们将渲染好的图像保存为 TGA 格式的文件，最终渲染效果如图 3.78 所示。

最后使用 Photoshop 软件对图像的亮度、对比度以及饱和度进行调整，使效果更加生动、逼真。在第 2 章中已经对后期处理的方法进行了讲解，这里不再赘述。经过后期处理的最终效果如图 3.79 所示。

图 3.78

图 3.79

第4章 简欧厨房

4.1 简欧厨房空间简介

本章案例展示了一个简洁欧式风格的厨房空间。空间整体十分通透、光线充足、简洁明快，家具布置得当，装饰物也紧追流行时尚。

本场景采用了日光的表现手法，案例效果如图 4.1 所示。

图 4.2 所示为厨房模型的线框效果图。

图 4.1   图 4.2

4.2 测试渲染设置

打开本书配套素材提供的"第 4 章\简欧厨房源文件.Max"场景文件，如图 4.3 所示，可以看到这是一个已经创建好的厨房场景模型，并且场景中的摄影机已经创建完成。

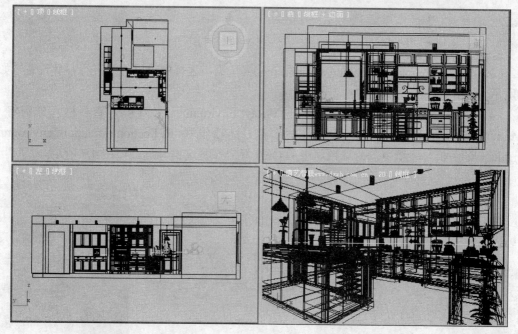

图 4.3

下面首先进行测试渲染参数设置，然后为场景布置灯光。灯光布置包括室外阳光及天光和室内灯光的建立。

4.2.1 设置测试渲染参数

测试渲染参数的设置步骤如下：

（1）按 F10 键打开"渲染设置"对话框，渲染器已经设置为 V-Ray Adv 1.50.SP4a，单击"公用"选项卡，在"公用参数"卷展栏中设置较小的图像尺寸，如图 4.4 所示。

（2）单击 V-Ray 选项卡，在 V-Ray::Global switches（全局开关）卷展栏中设置参数，如图 4.5 所示。

图 4.4

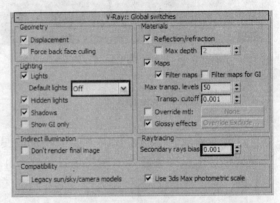

图 4.5

（3）在 V-Ray::Image sampler（Antialiasing）（抗锯齿采样）卷展栏中进行参数设置，如图 4.6 所示。

（4）下面对环境光进行设置。打开 V-Ray::Environment（环境）卷展栏，分别将 GI Environment (skylight)override（环境天光覆盖）选项组和 Reflection/refraction environment override（反射/折射环境覆盖）选项组中的 On（开启）复选框勾选，如图 4.7 所示。

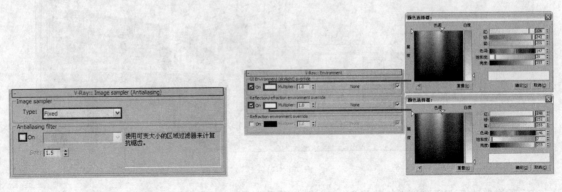

图 4.6

图 4.7

（5）进入 Indirect illumination（间接照明）选项卡中，在 V-Ray::Indirect illumination（GI）

（间接照明）卷展栏中进行参数设置，如图 4.8 所示。

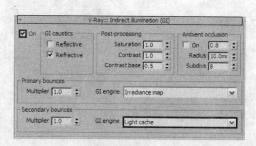

图 4.8

（6）在 V-Ray::Irradiance map（发光贴图）卷展栏中进行设置参数，如图 4.9 所示。

（7）在 V-Ray::Light cache（灯光缓存）卷展栏中进行设置参数，如图 4.10 所示。

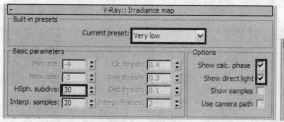

图 4.9

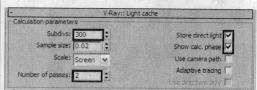

图 4.10

4.2.2 布置场景灯光

（1）首先布置室外的阳光。单击 ✱（创建）按钮进入"创建"命令面板，单击 （灯光）按钮，在下拉列表中选择"标准"选项，然后在"对象类型"卷展栏中单击 目标平行光 按钮，在场景窗口处创建一盏目标平行光，如图 4.11 所示。灯光参数设置如图 4.12 所示。

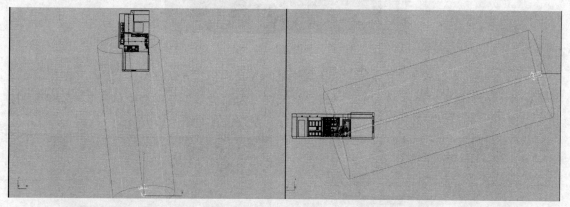

图 4.11

（2）对摄影机视图进行渲染，效果如图 4.13 所示。

（3）从渲染效果中可以发现场景阳光直射部分曝光严重，下面通过调整场景曝光参数来控制场景局部亮度。按 F10 键打开"渲染设置"对话框，单击 V-Ray 选项卡，在 V-Ray::Color mapping（色彩映射）卷展栏中进行曝光控制，如图 4.14 所示。再次渲染，效果如图 4.15 所示。

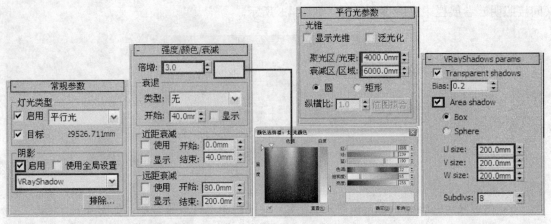

图 4.12

图 4.13

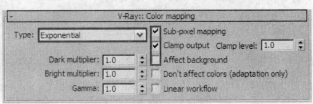

图 4.14

图 4.15

（4）继续创建室外的环境天光。单击 ✳（创建）按钮进入"创建"命令面板，单击 💡（灯光）按钮，在下拉列表中选择 VRay 选项，然后在"对象类型"卷展栏中单击 VRayLight 按钮，在图 4.16 所示位置创建一盏 VRayLight，灯光参数设置如图 4.17 所示。

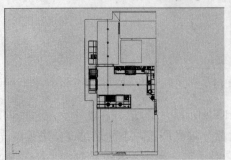
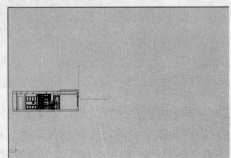

图 4.16

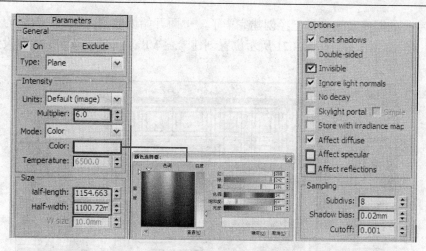

图 4.17

（5）在顶视图中，选中刚刚创建的灯光 VRayLight01，沿 Y 轴向下复制一盏（非关联复制），如图 4.18 所示。

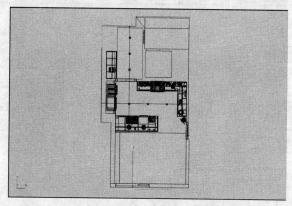

图 4.18

（6）进入"修改"命令面板，参数设置如图 4.19 所示。此时对摄影机视图进行渲染，效果如图 4.20 所示。

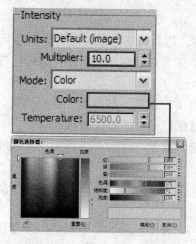

图 4.19

图 4.20

（7）室外的阳光及天光都已经创建完毕了，下面开始创建室内灯光。首先为吊柜的下方增加一些补光，如上所述，在图 4.21 所示位置创建一盏 VRayLight 面光源。参数设置如图 4.22 所示。

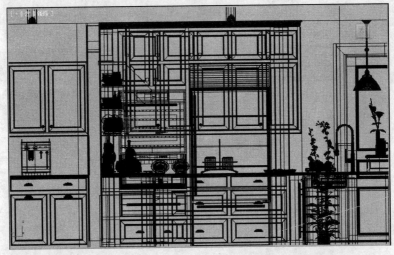

图 4.21

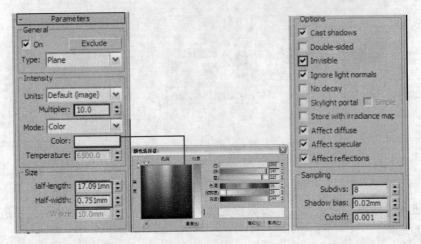

图 4.22

（8）在顶视图中，选中刚刚创建的 VRayLight 面光源，将其关联复制五盏到图 4.23 所示位置，然后使用主工具栏中的 ⟳（旋转）和 ⬚（均匀缩放）工具对复制出来的灯光进行旋转和缩放调整。此时对摄影机视图进行渲染，效果如图 4.24 所示。

（9）单击 ⚲（灯光）按钮，在下拉列表中选择"光度学"选项，然后在"对象类型"卷展栏中单击 目标灯光 按钮，在抽油烟机下方创建一盏目标灯光，如图 4.25 所示。

（10）进入"修改"命令面板对创建的目标灯光参数进行设置，如图 4.26 所示。光域网文件为本书配套素材提供的"第 4 章\贴图\light2.IES"文件。

（11）在前视图中，选中刚刚创建的目标灯光 Point01，沿 X 轴以"实例"方式关联复制一盏（见图 4.27），此时渲染效果如图 4.28 所示。

（12）在图 4.29 所示位置再创建一盏目标灯光 Point03，模拟屋顶的筒灯照明。设置灯光参数如图 4.30 所示。光域网文件为本书配套素材提供的"第 4 章\贴图\light1.IES"文件。

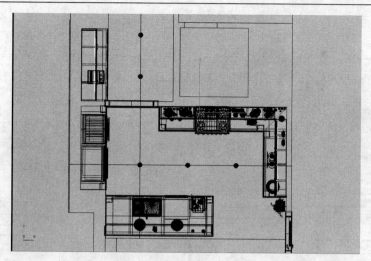

图 4.23

图 4.24

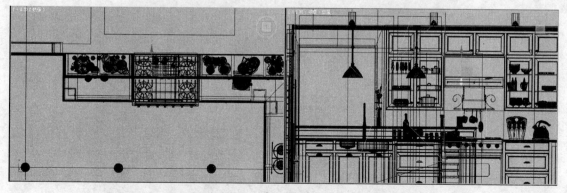

图 4.25

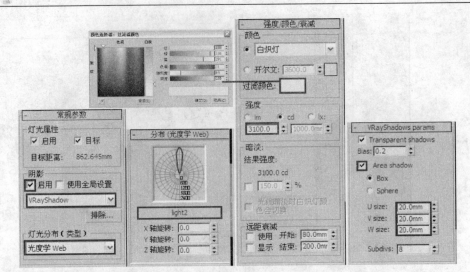

图 4.26

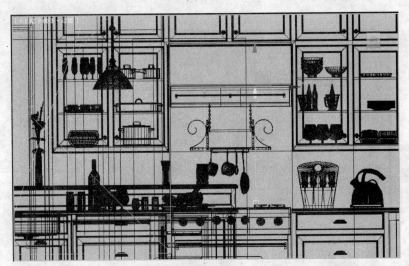

图 4.27

图 4.28

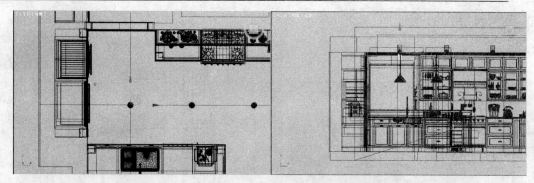

图 4.29

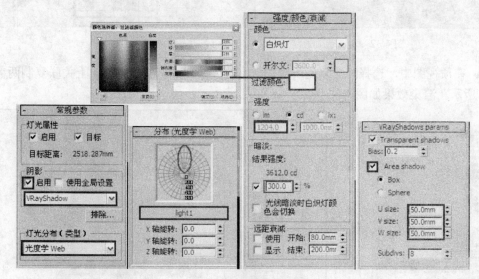

图 4.30

13. 在顶视图中，选择刚刚创建的目标灯光 Point03，沿 X 轴以"实例"方式关联复制两盏，如图 4.31 所示。对摄影机视图进行渲染，效果如图 4.32 所示。

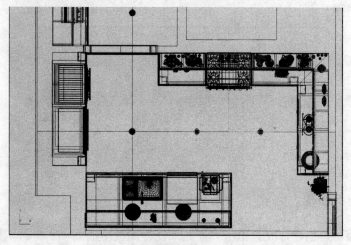

图 4.31

14. 在顶视图中，再次选择目标灯光 Point03，在图 4.33 所示位置复制一盏（非关联复制），更改其参数如图 4.34 所示。

图 4.32

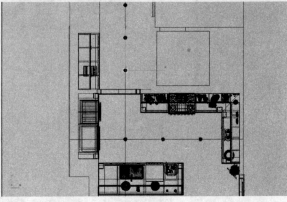
图 4.33

15．在顶视图中，选择刚才复制所得的目标灯光 Point06，沿 Y 轴向上关联复制两盏，如图 4.35 所示。渲染效果如图 4.36 所示。

图 4.34

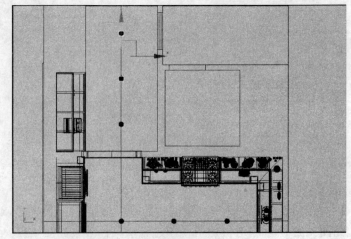
图 4.35

图 4.36

（16）最后为吊灯创建灯光。单击"灯光"创建面板中的 VRayLight 按钮，然后在下拉列表中选择 Sphere（球形）选项，在图 4.37 所示位置创建一盏 VRayLight 球形光源，设置参数如图 4.38 所示。

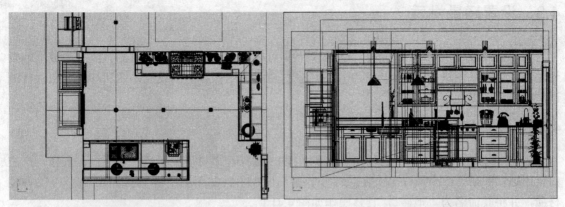

图 4.37

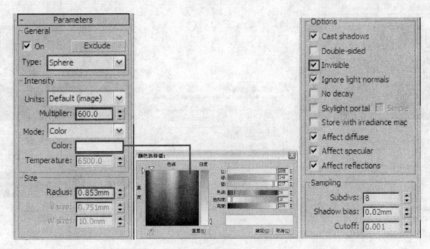

图 4.38

（17）在顶视图中，选择刚刚创建的 **VRayLight** 球形光，沿 X 轴关联复制一盏，为另一盏吊灯也添加灯光，如图 4.39 所示。最后再进行渲染，效果如图 4.40 所示。

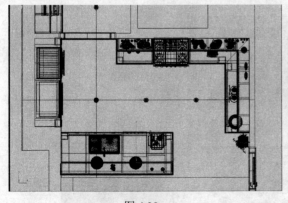

图 4.39

图 4.40

上面已经对场景的灯光进行了布置，最终测试结果比较满意，测试完灯光效果后，下面进行材质设置。

4.3 设置场景材质

为了提高设置场景材质时的测试渲染速度，可以在灯光布置完毕后对测试渲染参数下的发光贴图和灯光贴图进行保存，然后在设置场景材质时调用保存好的发光贴图和灯光贴图进行测试渲染，从而提高渲染速度。

4.3.1 设置主体材质

（1）下面首先设置黑色的釉面砖材质。按 M 键打开"材质编辑器"对话框，选择一个空白材质球，单击 Standard （标准）按钮，在弹出的"材质/贴图浏览器"对话框中选择 VRayMtl 材质，并将其命名为"地砖"，具体操作如图 4.41 所示。

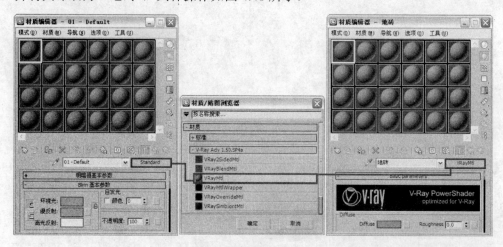

图 4.41

（2）单击 Diffuse（漫反射）右侧的贴图通道按钮，为其添加一个"位图"贴图，参数设置如图 4.42 所示。贴图文件为本书配套素材提供的"第 4 章\贴图\黑地砖.jpg"。

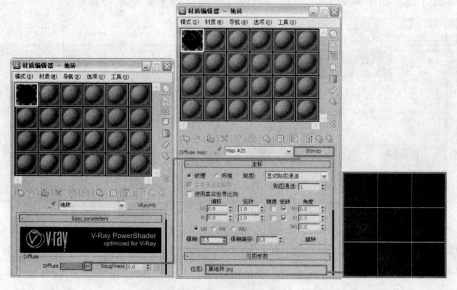

图 4.42

（3）返回 VRayMtl 材质层级，单击 Reflect（反射）右侧的贴图通道按钮，为其指定一个"衰减"程序贴图，参数设置如图 4.43 所示。

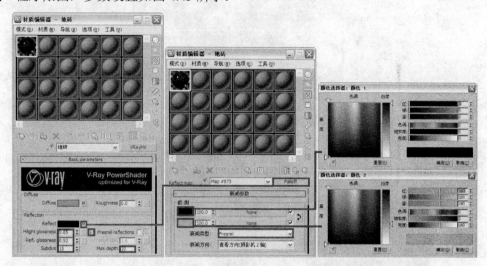

图 4.43

（4）再次返回 VRayMtl 材质层级，进入 Maps（贴图）卷展栏，单击 Bump（凹凸）右侧的贴图通道按钮，为其指定一个"位图"贴图，参数设置如图 4.44 所示。贴图文件为本书配套素材提供的"第 4 章\贴图\黑地砖 B.jpg"。

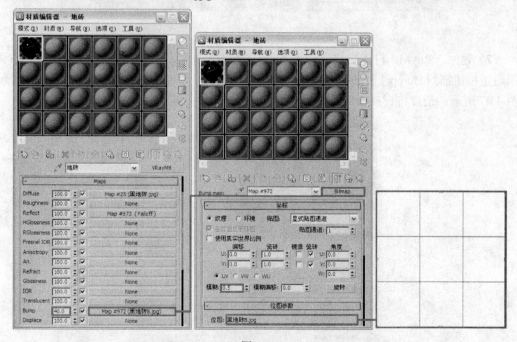

图 4.44

（5）将材质指定给物体"地面"，对摄影机视图 Camera01 进行渲染，效果如图 4.45 所示。

（6）下面设置一种文化砖材质。选择一个空白材质球，设置为 VRayMtl 材质，并将其命名为"文化砖"，然后单击 Diffuse（漫反射）右侧的贴图通道按钮，为其指定一个"位图"贴图，具体参数设置如图 4.46 所示。贴图文件为本书配套素材提供的"第 4 章\贴图\stone05.jpg"。

图 4.45

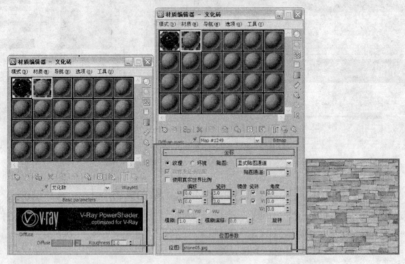

图 4.46

（7）返回 VRayMtl 材质层级，进入 Maps（贴图）卷展栏，将 Diffuse（漫反射）右侧的贴图通道按钮拖到 Bump（凹凸）右侧的贴图通道按钮上，以"实例"方式进行关联复制操作，如图 4.47 所示。最后将材质指定给物体"文化墙"。

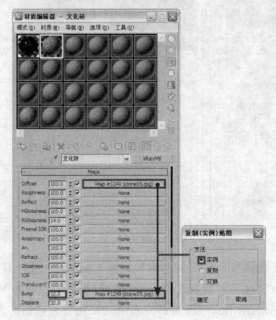

图 4.47

（8）为了使文化墙更加真实、自然，使用 VRay 的置换修改器来对"文化墙"物体进行置换。选定物体"文化墙"，单击 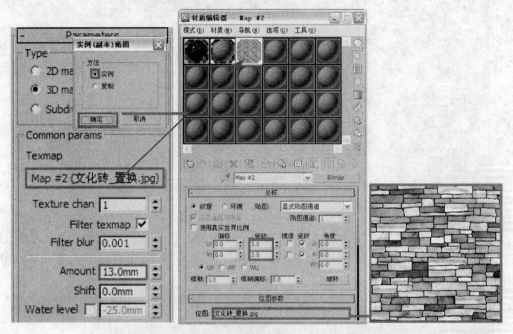（修改）按钮进入"修改"命令面板，为其添加一个 VRayDisplacementMod（VRay 置换修改器），在修改器的参数面板中单击 Texmap（纹理贴图）下的 None 贴图通道按钮，为其指定一个"位图"贴图，并拖动已贴好位图的贴图通道按钮到材质编辑器上，以"实例"方式进行关联参数设置，具体操作如图 4.48 所示。贴图文件为本书配套素材提供的"第 4 章\贴图\文化砖_置换.jpg"文件。此时对摄影机视图进行渲染，效果如图 4.49 所示。

图 4.48

图 4.49

（9）下面制作橱柜墙裙马赛克材质。选择一个空白材质球，设置为 VRayMtl 材质，并将其命名为"马赛克"，然后单击 Diffuse（漫反射）右侧的贴图通道按钮，为其指定一个"位图"贴图，具体参数设置如图 4.50 所示。贴图文件为本书配套素材提供的"第 4 章\贴图\mosaic-bump.jpg"。

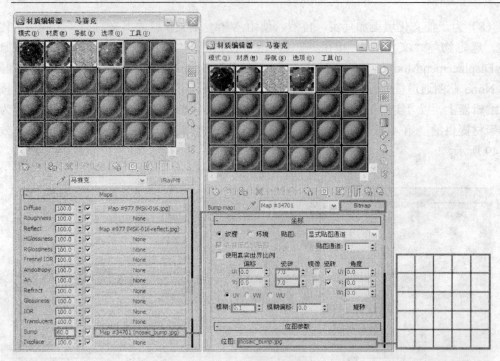

图 4.50

（10）返回 VRayMtl 材质层级，单击 Reflect（反射）右侧的贴图通道按钮，为其添加一个"位图"贴图，参数设置如图 4.51 所示。贴图文件为本书配套素材提供的"第 4 章\贴图\MSK-016-reflect.jpg"。

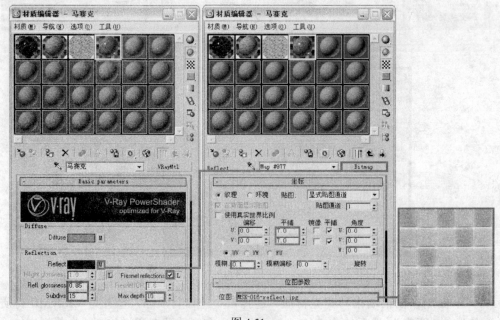

图 4.51

（11）再次返回 VRayMtl 材质层级，进入 Maps（贴图）卷展栏，单击 Bump（凹凸）右侧的贴图通道按钮，为其指定一个"位图"贴图，参数设置如图 4.52 所示。贴图文件为本书配

套素材提供的 "第 4 章\贴图\mosaic_bump.jpg"。最后将材质指定给物体 "墙裙"，对摄影机视
图进行渲染，局部效果如图 4.53 所示。

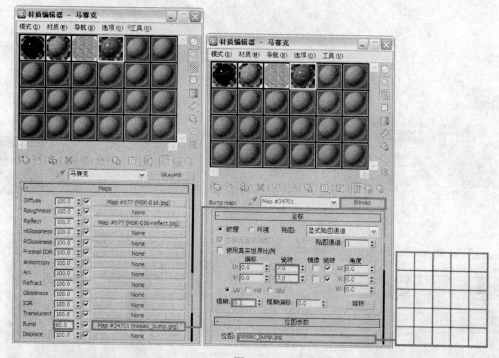

图 4.52

图 4.53

4.3.2 设置木制品材质

（1）首先设置橱柜木质材质。选择一个空白材质球，设置为 VRayMtl 材质，并将其命名
为 "橱柜木质"，然后单击 Diffuse（漫反射）右侧的贴图通道按钮，为其指定一个 "位图" 贴
图，具体参数设置如图 4.54 所示。贴图文件为本书配套素材提供的 "第 4 章\贴图\wood2.jpg"。

（2）由于橱柜木质的纹理贴图饱和度较高，且面积较大，很容易在屋顶墙面部分造成色
溢现象，下面为其材质添加 VRayOverrideMtl（VRay 替代材质），从而解决色溢问题，具体操
作如图 4.55 所示。

（3）在 VRayOverrideMtl（VRay 替代材质）层级，将 Base material（基本材质）右侧的
贴图通道按钮拖到 GI（全局光照材质）右侧的贴图通道按钮上进行复制操作（非关联复制），
如图 4.56 所示。

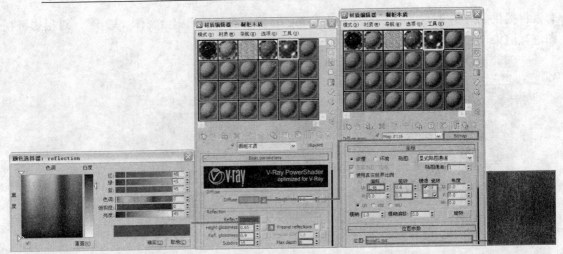

图 4.54

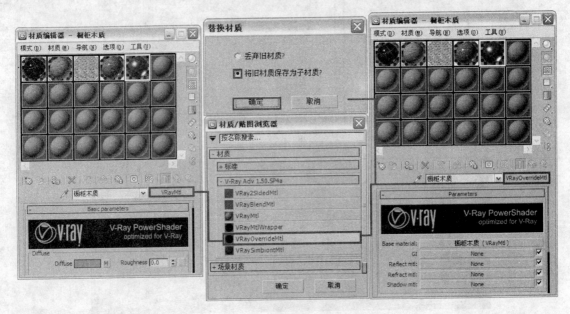

图 4.55

（4）单击 GI（全局光照材质）右侧的贴图通道按钮，进入刚复制的 VRayMtl 材质层级，清除 Diffuse（漫反射）贴图通道上的贴图程序，参数设置如图 4.57 所示。

（5）将制作好的材质指定给物体"橱柜"，然后对当前摄影机视图进行渲染，效果如图 4.58 所示。

（6）接下来制作一种用于切菜板和壶垫的深色木质。选择一个空白材质球，设置为 VRayMtl 材质，并将其命名为"深色木质"，然后单击 Diffuse（漫反射）右侧的贴图按钮，为其指定一个"位图"贴图，具体参数设置如图 4.59 所示。贴图文件为本书配套素材提供的"第 4 章\贴图\Arch51_03_003_wood_diff.jpg"。

（7）返回 VRayMtl 材质层级，单击 Reflect（反射）右侧的贴图通道按钮，为其添加一个"位图"贴图，参数设置如图 4.60 所示。贴图文件为本书配套素材提供的"第 4 章\贴图\Arch51_03_003_ wood_bump.jpg"。

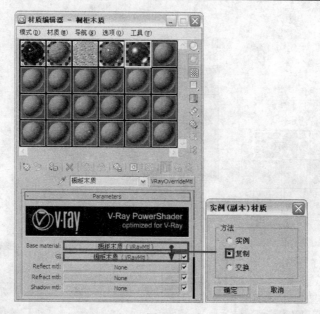

图 4.56

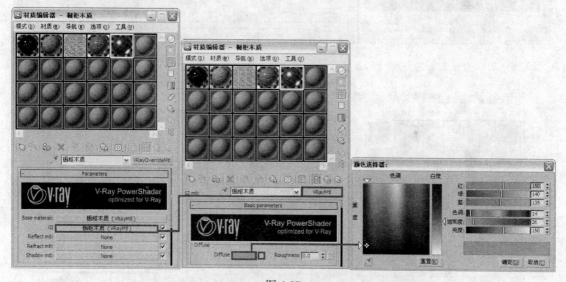

图 4.57

图 4.58

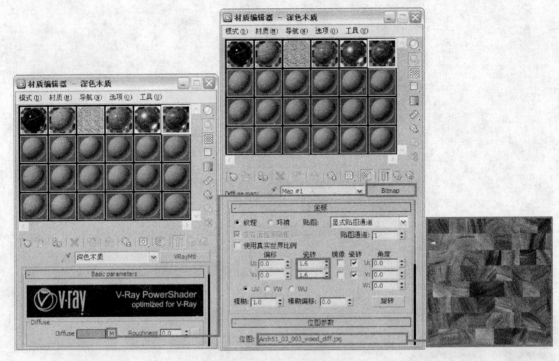

图 4.59

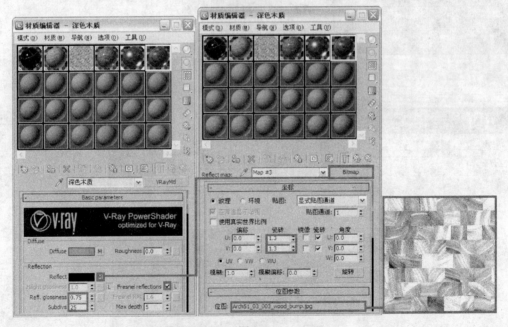

图 4.60

（8）返回 VRayMtl 材质层级，进入 Maps（贴图）卷展栏，将 Reflect（反射）右侧的贴图通道按钮拖到 Bump（凹凸）右侧的贴图通道按钮上，以"实例"方式进行关联复制操作，如图 4.61 所示。最后将材质指定给物体"木制品 01"，并进行渲染，局部效果如图 4.62 所示。

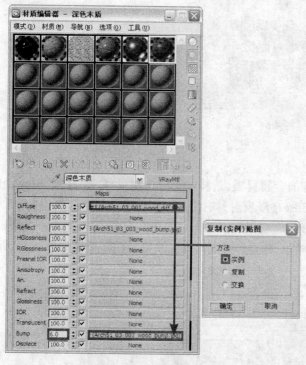

图 4.61

图 4.62

（9）下面再制作一种用于刀具等的浅色木质。选择一个空白材质球，设置为 VRayMtl 材质，并将其命名为"浅色木质"，然后单击 Diffuse（漫反射）右侧的贴图按钮，为其指定一个位图贴图，具体参数设置如图 4.63 所示。贴图文件为本书配套素材提供的"第 4 章\贴图\wood_detail.jpg"。

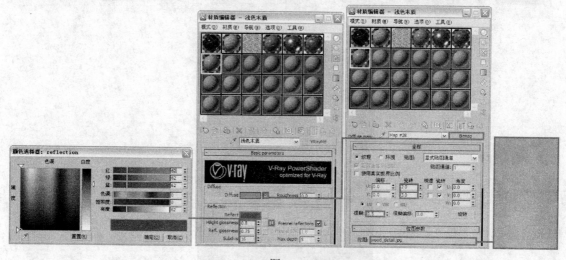

图 4.63

（10）将材质指定给物体"木制品 02"，对摄影机视图进行渲染，局部效果如图 4.64 所示。

图 4.64

4.3.3　设置金属制品材质

（1）首先制作用于抽油烟机、烘烤箱等的金属材质。选择一个空白材质球，设置为 VRayMtl 材质，并将其命名为"金属 01"。单击 Diffuse（漫反射）右侧的贴图通道按钮，为其添加一个"衰减"程序贴图，参数设置如图 4.65 所示。

（2）将材质指定给物体"金属制品 01"，对摄影机视图进行渲染，局部效果如图 4.66 所示。

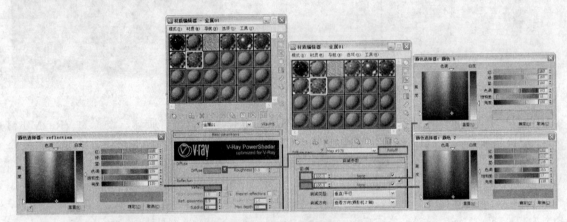

图 4.65

图 4.66

（3）再来制作一种用于厨具、橱柜把手等的金属材质。选择一个空白材质球，设置为 VRayMtl 材质，并将其命名为"金属 02"，参数设置如图 4.67 所示。将材质指定给物体"金属制品 02"，进行渲染，局部效果如图 4.68 所示。

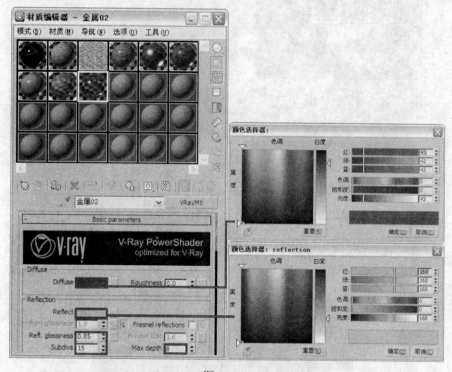

图 4.67

图 4.68

（4）下面再制作一种黑色金属材质。选择一个空白材质球，设置为 VRayMtl 材质，并将其命名为"黑金属"，参数设置如图 4.69 所示。将材质指定给物体"黑金属"，进行渲染，局部效果如图 4.70 所示。

4.3.4 设置场景其他材质

（1）首先设置厨具的白瓷材质。选择一个空白材质球，设置为 VRayMtl 材质，并将其命名为"白瓷"，参数设置如图 4.71 所示。将材质指定给物体"厨具 01"，进行渲染，局部效果如图 4.72 所示。

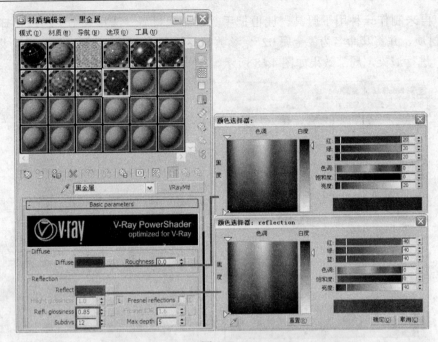

图 4.69

图 4.70

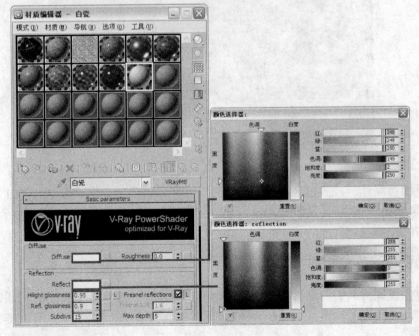

图 4.71

图 4.72

（2）下面制作一种浅绿色的瓷器材质。选择一个空白材质球，设置为 VRayMtl 材质，并将其命名为"浅绿瓷"。单击 Diffuse（漫反射）右侧的贴图通道按钮，为其添加一个"衰减"程序贴图，参数设置如图 4.73 所示。

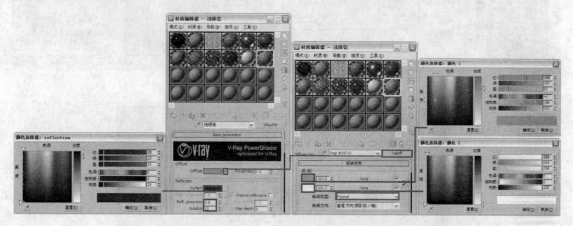

图 4.73

（3）将材质指定给物体"厨具 02"，进行渲染，局部效果如图 4.74 所示。

图 4.74

（4）设置橱柜玻璃材质。选择一个空白材质球，设置为 VRayMtl 材质，并将其命名为"橱柜玻璃"，参数设置如图 4.75 所示。最后将材质指定给物体"橱柜玻璃"，进行渲染，效果如图 4.76 所示。

（5）再来制作吊灯玻璃灯罩材质。选择一个空白材质球，设置为 VRayMtl 材质，并将其命名为"玻璃灯罩"，参数设置如图 4.77 所示。最后将材质指定给物体"吊灯灯罩"，进行渲染，局部效果如图 4.78 所示。

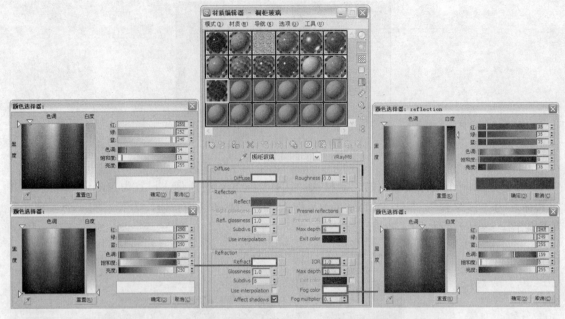

图 4.75

图 4.76

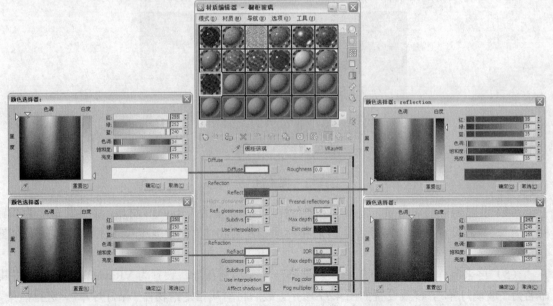

图 4.77

图 4.78

（6）下面制作装满啤酒的酒杯效果。首先设置啤酒杯的材质。选择一个空白材质球，设置为 VRayMtl 材质，并将其命名为"啤酒杯"，单击 Reflect（反射）右侧的贴图通道按钮，为其添加一个"衰减"程序贴图，参数设置如图 4.79 所示。将材质指定给物体"啤酒杯"。

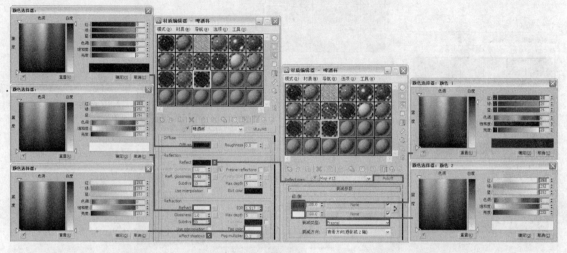

图 4.79

（7）下面制作啤酒材质。选择一个空白材质球，设置为 VRayMtl 材质，并将其命名为"啤酒"，设置参数如图 4.80 所示。将材质指定给物体"啤酒"。

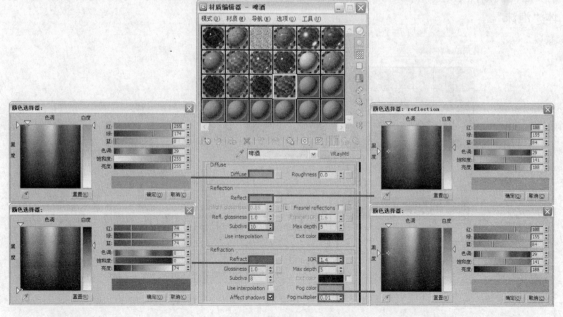

图 4.80

（8）接下来制作啤酒的泡沫材质。选择一个空白材质球，设置为 VRayMtl 材质，并将其命名为"泡沫"，单击 Diffuse（漫反射）右侧的贴图通道按钮，为其添加一个"噪波"程序贴图，设置参数如图 4.81 所示。

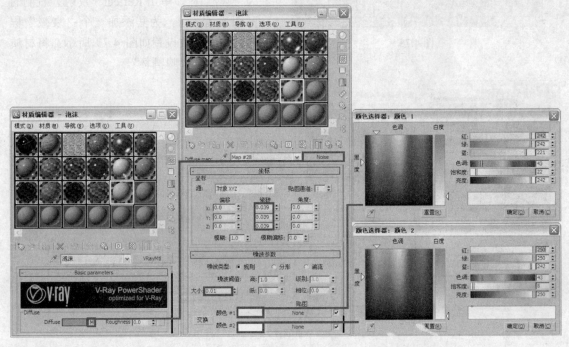

图 4.81

（9）返回 VRayMtl 材质层级，将 Diffuse（漫反射）右侧的贴图通道按钮拖到 Reflect（反射）右侧的贴图通道按钮上进行复制操作，并设置其参数如图 4.82 所示。最后将材质指定给物体"泡沫"。

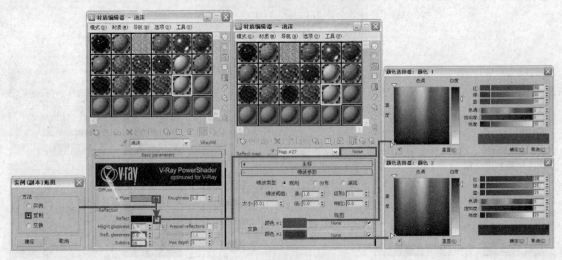

图 4.82

（10）此时对摄影机视图进行渲染，装满啤酒的啤酒杯效果如图 4.83 所示。

图 4.83

（11）最后制作橙子的材质。选择物体"橙子"，发现其分为两部分，ID 号为 1 的部分为橙子皮，ID 号为 2 的部分为橙子被切开后的果粒部分，所以我们用"多维/子对象"材质来实现。选择一个空白材质球，单击 Standard 按钮，在弹出的"材质/贴图浏览器"对话框中选择"多维/子对象"材质，并将其命名为"橙子"，具体操作如图 4.84 所示。

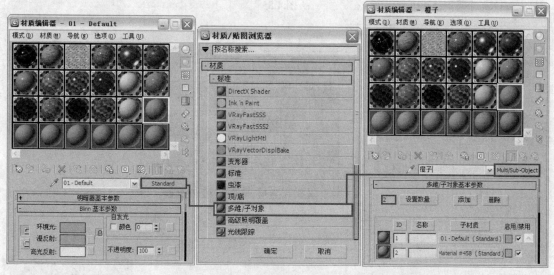

图 4.84

（12）单击 ID1 右侧的材质通道按钮，进入其材质层级，将材质设置为 VRayMtl，并将其命名为"橙皮"，设置参数如图 4.85 所示。

（13）单击进入 Maps（贴图）卷展栏，单击 Bump（凹凸）右侧的贴图通道按钮，为其添加一个"位图"贴图，参数设置如图 4.86 所示。贴图文件为本书配套素材提供的"第 4 章\贴图\orange_bump.jpg"。

（14）返回"多维/子对象"材质层级，然后单击 ID2 右侧的材质通道按钮，进入其材质层级，将材质设置为 VRayMtl，并将其命名为"果粒"，单击 Diffuse（漫反射）右侧的贴图通道按钮，为其添加一个"位图"贴图，设置参数如图 4.87 所示。贴图文件为本书配套素材提供的"第 4 章\贴图\orange_01.jpg"。

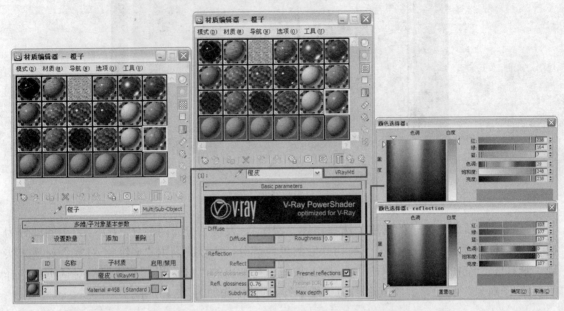

图 4.85

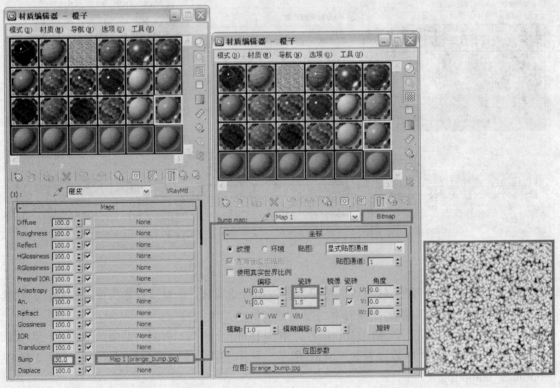

图 4.86

（15）返回 VRayMtl 材质层级，单击 Reflect（反射）右侧的贴图通道按钮，为其添加一个"位图"贴图，参数设置如图 4.88 所示。贴图文件为本书配套素材提供的"第 4 章\贴图\orange_01_reflect.jpg"。

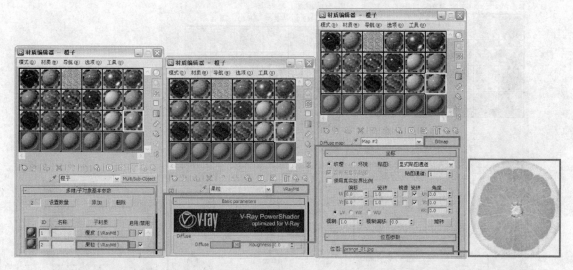

图 4.87

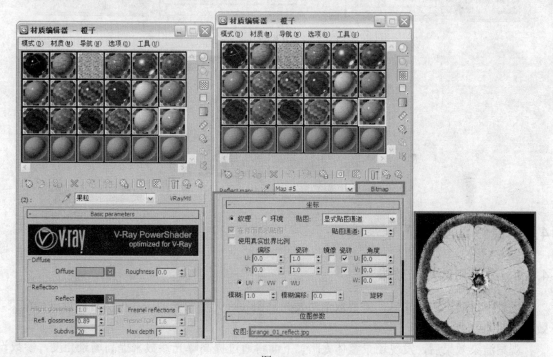

图 4.88

（16）再返回 VRayMtl 材质层级，进入 Maps（贴图）卷展栏，单击 Bump（凹凸）右侧的贴图通道按钮，为其添加一个"位图"贴图，参数设置如图 4.89 所示。贴图文件为本书配套素材提供的"第 4 章\贴图\orange_01_bump.jpg"。

（17）最后将制作好的材质指定给物体"橙子"，对摄影机视图进行渲染，橙子的效果如图 4.90 所示。

至此，场景的灯光测试和材质设置都已经完成，下面将对场景进行最终渲染设置。

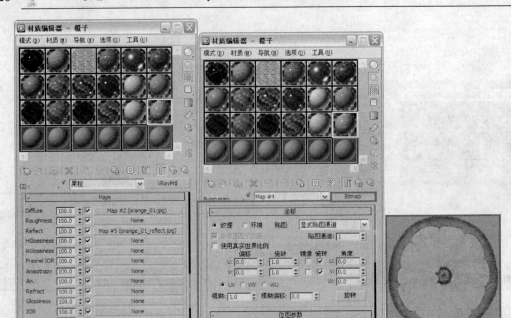

图 4.89

图 4.90

4.4 最终渲染设置

4.4.1 最终测试灯光效果

　　场景中材质设置完毕后，需要取消对发光贴图和灯光贴图的调用，再次对场景进行渲染，效果如图 4.91 所示。

　　观察渲染效果后，发现场景整体太暗，下面将通过提高曝光参数来提高场景亮度，参数设置如图 4.92 所示。再次渲染效果如图 4.93 所示。

　　观察渲染效果，场景光线不需要再调整，接下来设置最终渲染参数。

图 4.91

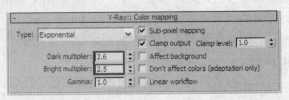

图 4.92

图 4.93

4.4.2 灯光细分参数设置

（1）首先将场景中用来模拟室外阳光的 Direct01（目标平行光）的灯光细分值设置为 24，如图 4.94 所示。

（2）然后将室外模拟天光的 VRay 面光源 VRayLight01 和 VRayLight02 的灯光细分值都设置为 20，如图 4.95 所示。

（3）最后将室内所有的目标灯光的灯光细分值都设置为 15，如图 4.96 所示。

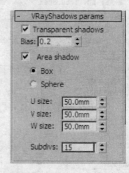

图 4.94　　　　　　　　图 4.95　　　　　　　　图 4.96

4.4.3 设置保存发光贴图和灯光贴图的渲染参数

在第 2 章中已经讲解了保存发光贴图和灯光贴图的方法，这里不再重复，只对渲染级别设置进行讲解。

（1）单击 Indirect illumination（间接照明）选项卡，在 V-Ray::Irradiance map（发光贴图）卷展栏中进行参数设置，如图 4.97 所示。

（2）在 V-Ray::Light cache（灯光缓存）卷展栏中进行参数设置，如图 4.98 所示。

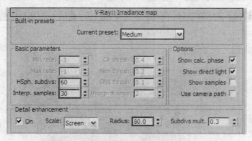
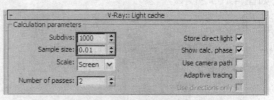

图 4.97　　　　　　　　　　　　　　图 4.98

（3）单击 Settings（设置）选项卡，在 V-Ray::DMC Sample（准蒙特卡罗采样器）卷展栏中设置参数如图 4.99 所示，这是模糊采样设置。

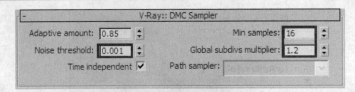

图 4.99

渲染级别设置完毕，最后设置保存发光贴图和灯光贴图的参数并进行渲染即可。

4.4.4 最终成品渲染

最终成品渲染的参数设置如下：

（1）当发光贴图和灯光贴图计算完毕后，在"渲染设置"对话框的"公用"选项卡中设置最终渲染图像的输出尺寸，如图 4.100 所示。

（2）单击 V-Ray 选项卡，在 V-Ray::Image sampler(Antialiasing)（抗锯齿采样）卷展栏中设置抗锯齿和过滤器，如图 4.101 所示。

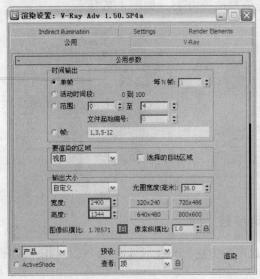

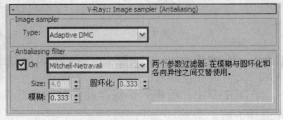

图 4.100   图 4.101

（3）最终渲染完成的效果如图 4.102 所示。

最后使用 Photoshop 软件对图像的亮度、对比度以及饱和度进行调整，使效果更加生动、逼真。在第 2 章中已经对后期处理的方法进行了讲解，这里不再赘述。经过后期处理的最终效果如图 4.103 所示。

图 4.102   图 4.103

第 5 章　清 晨 卧 室

5.1 清晨卧室空间简介

本章案例表现的是一个卧室。从风格上说这是一个现代与欧式结合的卧室，神秘典雅的紫色、稳重的木色使场景单从视觉上就有着强烈的感染力。卧室最终渲染效果如图 5.1 所示。

如图 5.2 所示为卧室模型的线框渲染效果。

图 5.1   图 5.2

下面进行测试渲染参数设置。

5.2 测试渲染设置

为了在测试渲染时节约渲染时间，可以对渲染参数进行设置，以提高渲染速度。

首先打开本书配套素材提供的"第 5 章\清晨卧室源文件.Max"文件，如图 5.3 所示。可以看到这是一个已经创建好的卧室场景模型，并且场景中摄影机已经创建好。

图 5.3

下面首先进行测试渲染参数设置，然后进行灯光设置。灯光布置主要包括天光和室内光源的建立。

5.2.1 设置测试渲染参数

（1）按 F10 键打开"渲染设置"对话框，我们事先已经选择了 VRay 渲染器，单击"公用"选项卡，在"公用参数"卷展栏中设置较小的图像尺寸，如图 5.4 所示。

（2）单击 V-Ray 选项卡，在 V-Ray::Global switches（全局开关）卷展栏中进行参数设置，如图 5.5 所示。

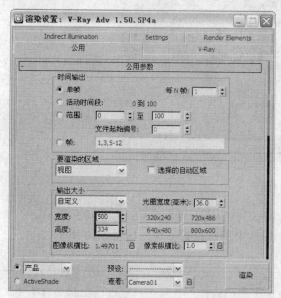

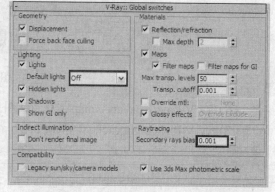

图 5.4   图 5.5

（3）在 V-Ray::Image sampler（Antialiasing）（抗锯齿采样）卷展栏中进行参数设置，如图 5.6 所示。

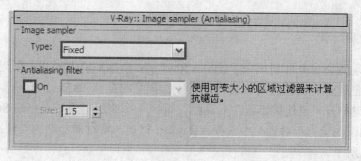

图 5.6

（4）下面对环境光进行设置。打开 V-Ray::Environment（环境）卷展栏，在 Reflection/refraction environment override（反射/折射环境覆盖）选项组中勾选"On（开启）"复选框，并调节颜色，如图 5.7 所示。

（5）进入 Indirect illumination（间接照明）选项卡中，在 V-Ray::Indirect illumination（GI）（间接照明）卷展栏中进行参数设置，如图 5.8 所示。

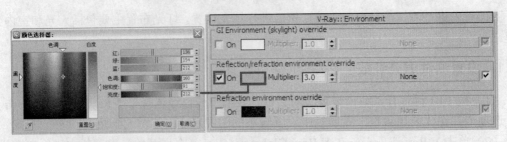

图 5.7

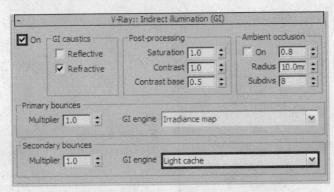

图 5.8

（6）在 V-Ray::Irradiance map（发光贴图）卷展栏中进行设置参数，如图 5.9 所示。

（7）在 V-Ray::Light cache（灯光缓存）卷展栏中进行设置参数，如图 5.10 所示。

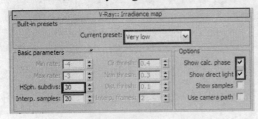

图 5.9

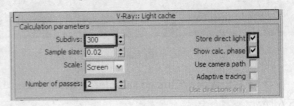

图 5.10

5.2.2　布置场景灯光

本例主要表现黄昏日光照射效果，使用 VRayLight 模拟环境天光和太阳光，为了方便观察布光效果，首先创建一种白色材质来替代场景中的模型材质。

（1）按 M 键打开"材质编辑器"对话框，选择一个空白材质球，单击 Standard 按钮，在弹出的"材质/贴图浏览器"对话框中选择 VRayMtl 材质，将材质命名为"替换材质"，具体参数设置如图 5.11 所示。

（2）按 F10 键打开"渲染设置"对话框，单击 V-Ray 选项卡，在 V-Ray::Global switches（全局开关）卷展栏中，勾选"Override mtl（覆盖材质）"复选框，然后进入"材质编辑器"对话框中，将"替换材质"的材质球拖到 Override mtl 右侧的 NONE 材质通道按钮上，并以"实例"方式进行关联复制，具体操作过程如图 5.12 所示。

（3）在渲染之前还要先设置场景的背景颜色。单击菜单栏中的"渲染"|"环境"命令，在弹出的"环境和效果"对话框中，为"背景"选项组的"环境贴图"添加一个"渐变"程序贴图，如图 5.13 所示。

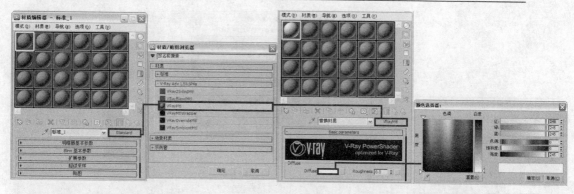

图 5.11

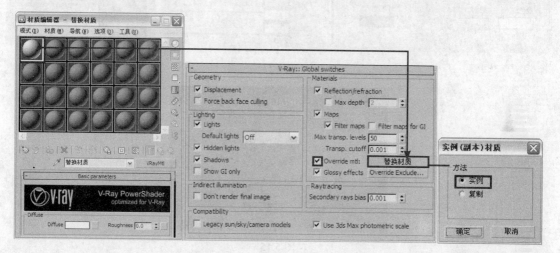

图 5.12

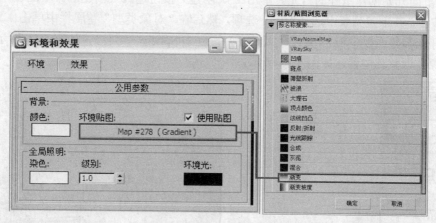

图 5.13

（4）将"环境贴图"拖到"材质编辑器"对话框中的空白材质球上，在弹出的对话框中选择"实例"进行关联复制，然后对"渐变"贴图进行设置，如图 5.14 所示。

（5）对摄影机视图进行渲染，此时渲染效果如图 5.15 所示。从图中可以看到场景中已经有了基本的天光照明。

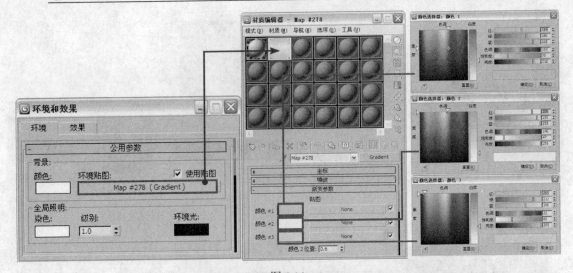

图 5.14

图 5.15

（6）下面开始创建室外的日光。单击 ✦（创建）按钮进入"创建"命令面板，再单击 ✎
"灯光"按钮，在下拉列表中选择 VRay 选项，然后在"对象类型"卷展栏中单击 `VRayLight`
按钮，在灯光参数面板中将 Type（灯光类型）设置为 Sphere（球体），如图 5.16 所示。在视图
中创建光源并调整其位置，如图 5.17 所示。

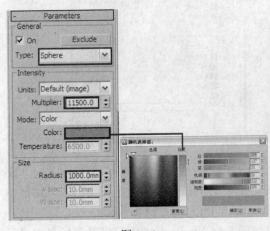

图 5.16

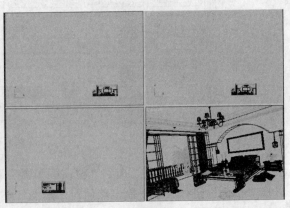

图 5.17

（7）进行渲染，效果如图 5.18 所示。

图 5.18

（8）从渲染效果中可以发现场景由于日光的照射曝光严重，下面通过调整场景曝光参数来降低场景亮度。按 F10 键打开"渲染设置"对话框，单击 V-Ray 选项卡，在 V-Ray::Color mapping（色彩映射）卷展栏中进行曝光控制，参数设置如图 5.19 所示。再次渲染，效果如图 5.20 所示。

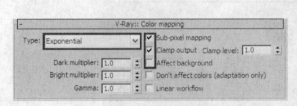

图 5.19

图 5.20

（9）下面创建窗口模拟天光的 VRayLight 面光源。单击 （创建）按钮进入"创建"命令面板，再单击 （灯光）按钮，在下拉列表中选择 VRay 选项，然后在"对象类型"卷展栏中单击 VRayLight 按钮，然后在左视图中窗口位置创建面光源，在其他视图中调整其方向和位置，如图 5.21 所示。

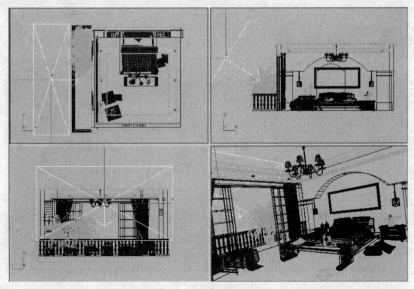

图 5.21

（10）单击 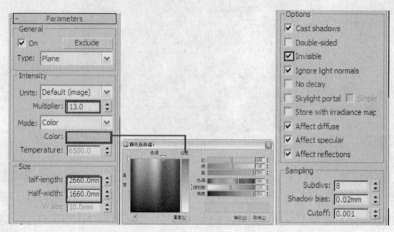（修改）按钮进入"修改"命令面板，对灯光的参数进行设置，如图 5.22 所示。

图 5.22

（11）下面来为场景创建一盏 VRayLight 作为补光，位置如图 5.23 所示。

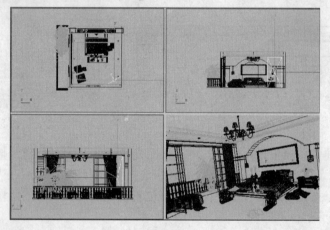

图 5.23

（12）单击 （修改）按钮进入"修改"命令面板，对灯光的参数进行设置，如图 5.24 所示。

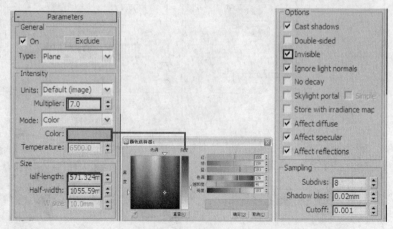

图 5.24

（13）对摄影机视图进行渲染，效果如图 5.25 所示。

（14）下面来创建床头射灯。单击 ✷（创建）按钮进入"创建"命令面板，单击 🔦（灯光）按钮，在下拉列表中选择"光度学"选项，然后在"对象类型"卷展栏中单击 **目标灯光** 按钮，在前视图中创建目标灯光，在顶视图中调整其方向和位置，如图 5.26 所示。

图 5.25

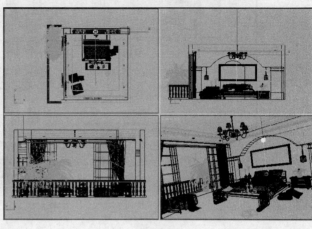

图 5.26

（15）单击 🖉（修改）按钮进入"修改"命令面板，对创建的目标灯光参数进行设置，如图 5.27 所示。光域网文件为本书配套素材提供的"第 5 章\材质\SD-018.IES"文件。

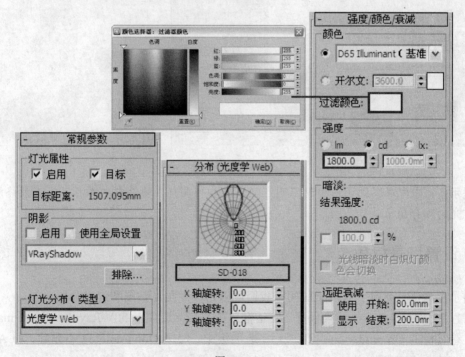

图 5.27

（16）继续创建暗藏灯带效果。在场景顶部暗藏灯池中创建一盏 VRayLight 灯光，然后在顶视图中关联复制 3 盏并调整其方向和位置，如图 5.28 所示。

（17）进入"修改"命令面板，对其参数进行设置，如图 5.29 所示。

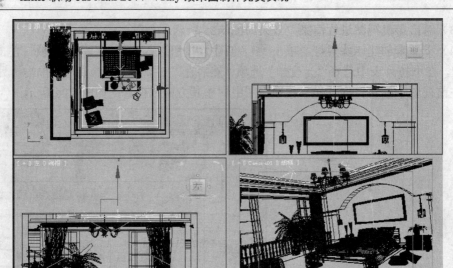

图 5.28

（18）进行渲染，效果如图 5.30 所示。

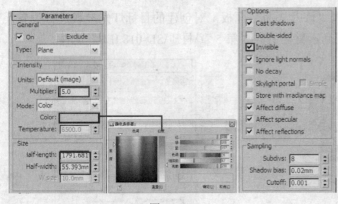

图 5.29

图 5.30

提示： 从图中观察到场景中的照明已经不需要再调整，场景中的噪点可以在最终渲染时靠提高灯光的细分值来消除。

5.3 设置场景材质

为了在测试材质时节省渲染时间，我们可以先保存发光贴图和灯光贴图。

（1）按 F10 键打开"渲染设置"对话框，在 V-Ray 选项卡的 V-Ray::Irradiance map（发光贴图）卷展栏的 On render end（渲染后）选项组中，勾选 Don't delete（不删除）和 Auto save（自动保存）复选框，单击 Auto save 后面的 Browse 按钮，在弹出的 Auto save irradiance map（自动保存发光贴图）对话框中输入要保存的发光贴图文件的名称及路径，如图 5.31 所示。

（2）勾选 Switch to saved map（切换到已保存贴图）复选框，如图 5.32 所示。渲染结束后，保存的发光贴图将自动转换到 From file（来自文件）选项中。

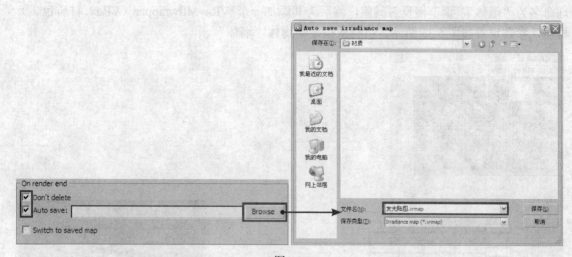

图 5.31

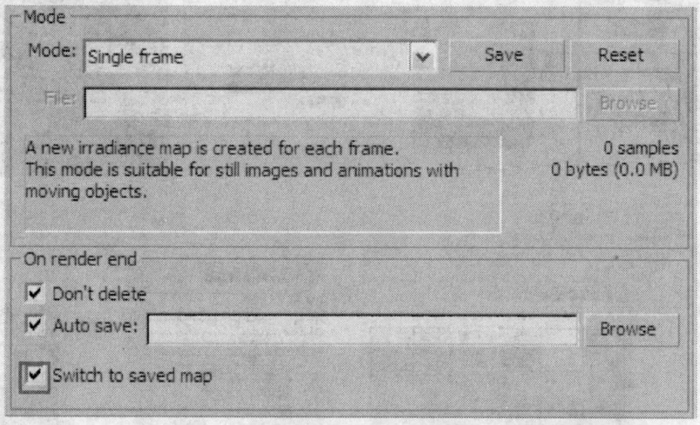

图 5.32

注意：勾选了 Switch to saved map 复选框后，在渲染结束后，Mode（模式）选项组中的选项将自动切换到 From file 选项，当再次进行渲染时，VRay 渲染器将直接调用之前渲染好的发光贴图文件，从而达到节省渲染时间的目的。

（3）在 V-Ray::Light cache（灯光缓存）卷展栏中进行与上面两步相同的设置。这样保存发光贴图和灯光贴图的参数设置就完成了，只要对摄影机视图进行渲染，贴图就会自动保存到指定的位置。

提示：开始调节材质进行渲染之前不要忘记将 V-Ray::Global switches（全局开关）卷展栏中 Override mtl 前面的复选框取消勾选。

1. 设置主体材质

（1）首先创建玻璃材质。按 M 键打开"材质编辑器"对话框，选择一个空白材质球，将其设置为 VRayMtl 材质类型，然后将材质球命名为"清玻"，具体参数设置如图 5.33 所示。

（2）将"清玻"材质指定给物体"门玻璃"、"小吊灯玻璃"，局部渲染效果如图 5.34 所示。

（3）下面设置墙体材质。选择一个空白材质球，将其设置为 VRayMtl 材质类型，将材质球命名为"墙体",调节漫反射颜色,然后为其添加一个 VRayMtlwrapper(VRay 材质包裹)材质,参数设置如图 5.35 所示。将材质指定给物体"墙体"。

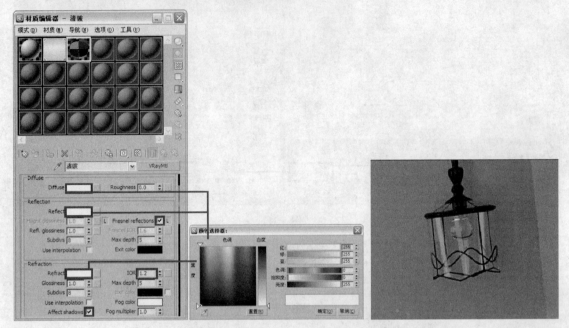

图 5.33　　　　　　　　　　　　　　　　图 5.34

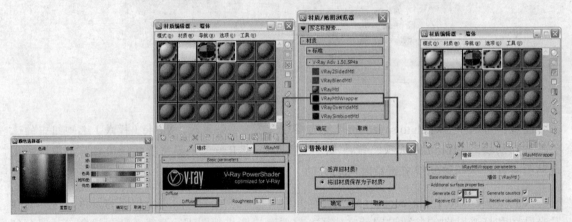

图 5.35

　　(4)下面设置地毯材质。选择一个空白材质球,将其设置为 VRayMtl 材质类型,参数设置如图 5.36 所示。贴图文件为本书配套素材提供的"第 5 章\贴图\alcantara.jpg"文件。

　　(5)返回 VRayMtl 材质层级,打开 Maps(贴图)卷展栏,将 Diffuse 贴图通道上的贴图关联复制给 Bump 贴图通道,如图 5.37 所示。

　　(6)下面使用另一种方法来控制地毯材质的色溢。在 VRayMtl 材质的基础上添加一个 VRayOverrideMtl(VRay 替代材质),如图 5.38 所示。

　　(7)在 VRayOverrideMtl 材质层级中,将 Base material 右侧的材质通道按钮拖到 GI 右侧的 None 材质通道按钮上,在弹出的对话框中选择"复制",然后单击 GI 右侧的材质按钮,在 VRayMtl 材质层级中将 Diffuse 贴图清除,参数设置如图 5.39 所示。

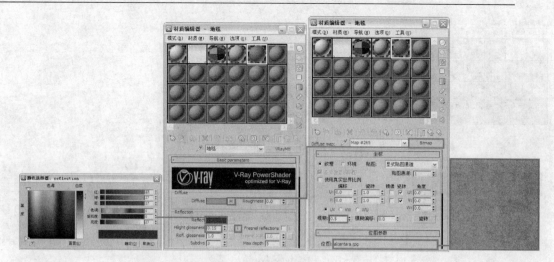

图 5.36

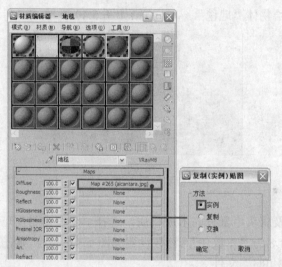

图 5.37

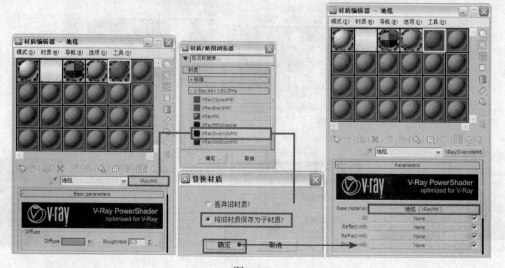

图 5.38

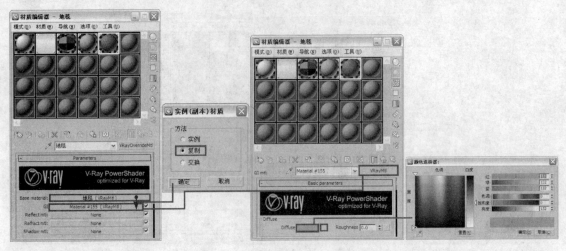

图 5.39

（8）将材质指定给物体"地毯"，局部渲染如图 5.40 所示。

图 5.40

2. 设置木材材质

（1）首先设置床及床头柜部分的木质材质。选择一个空白材质球，将其设置为 VRayMtl 材质类型，将材质球命名为"木纹 1"，参数设置如图 5.41 所示。贴图文件为本书配套素材提供的"第 5 章\材质\023.JPG"文件.

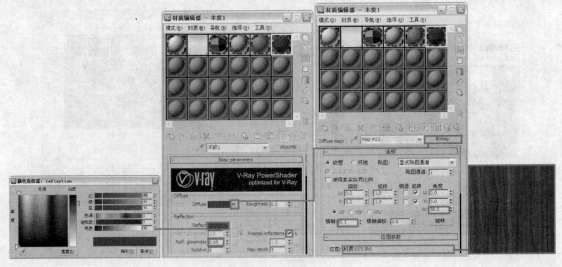

图 5.41

（2）返回 VRayMtl 材质层级，打开 Maps 卷展栏，将 Diffuse 右侧的贴图通道按钮拖到 Bump 右侧的贴图通道按钮上进行关联复制，如图 5.42 所示。

（3）同样为"木纹 1"材质设置 VRayMtlwrapper（VRay 材质包裹）材质，参数设置如图 5.43 所示。

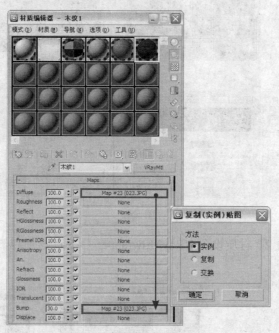

图 5.42

（4）将材质指定给物体"床及床头柜木"，局部渲染如图 5.44 所示。

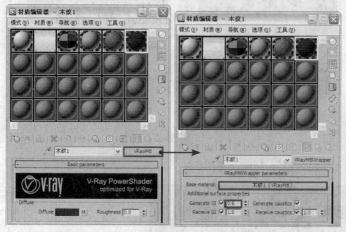

图 5.43　　　　　　　　　　　　　　　　　　　　　　图 5.44

（5）下面设置长桌部分的木质材质。选择一个空白材质球，将其设置为 VRayMtl 材质类型，将材质球命名为"木纹 2"，参数设置如图 5.45 所示。贴图文件为本书配套素材提供的"第 5 章\贴图\wood_25_.jpg"文件。

（6）返回 VRayMtl 材质层级，打开 Maps 卷展栏，将 Diffuse 右侧的贴图通道按钮拖到 Bump 右侧的贴图通道按钮上进行关联复制，如图 5.46 所示。

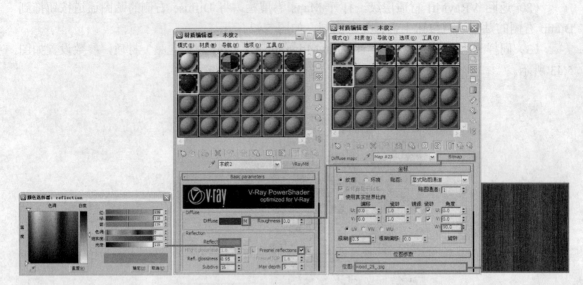

图 5.45

（7）同样为"木纹 2"材质设置 VRayMtlwrapper（VRay 材质包裹）材质，参数设置如图 5.47 所示。

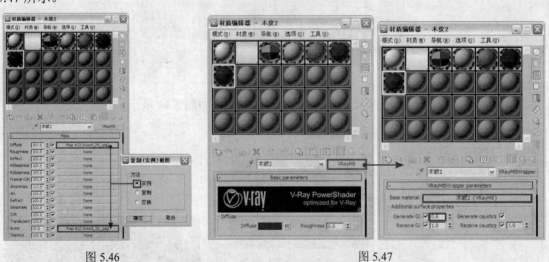

图 5.46   图 5.47

（8）将材质指定给物体"长桌"，局部渲染如图 5.48 所示。

图 5.48

（9）下面开始设置栏杆和门框部分的白色混油木质材质。选择一个空白材质球，将其设置为 VRayMtl 材质类型，将材质球命名为"白色反光"，具体参数如图 5.49 所示。将材质指定给物体"栏杆"和"门框"物体。

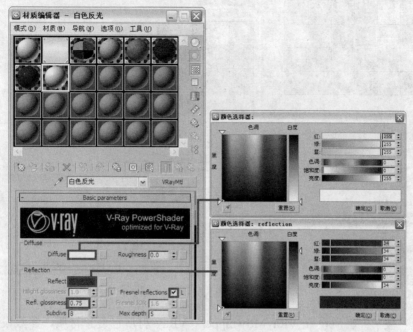

图 5.49

3. 设置布制品材质

（1）首先设置被子材质。选择一个空白材质球，将其设置为 VRayMtl 材质类型，将材质球命名为"被子"，参数设置如图 5.50 所示。

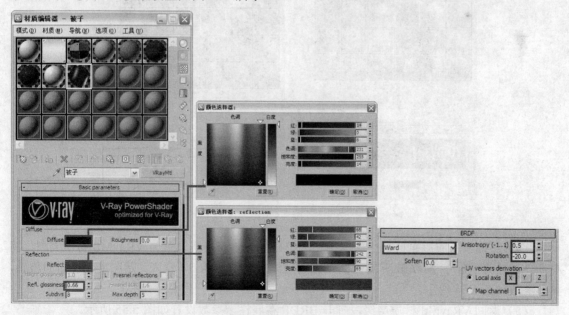

图 5.50

（2）打开 Maps 卷展栏，为 Bump 通道添加一个"位图"贴图，贴图文件为本书配套素材提供的"第 5 章\贴图\bed-auto1.jpg"文件，如图 5.51 所示。

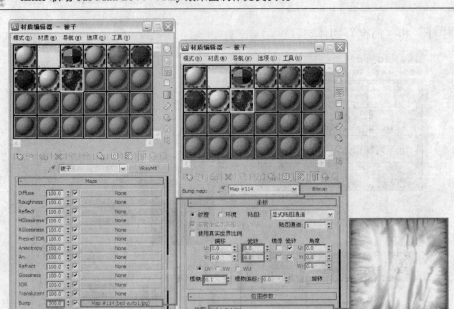

图 5.51

（3）为"被子"材质设置 VRayMtlwrapper（VRay 材质包裹）材质，参数设置如图 5.52 所示。将材质指定给物体"被子"，局部渲染如图 5.53 所示。

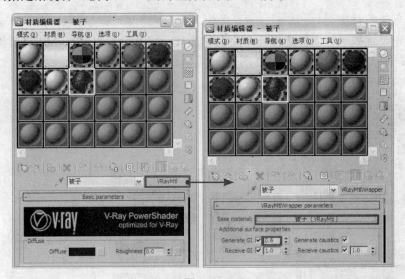

图 5.52

（4）下面设置衣服布料材质。选择一个空白材质球，将其设置为 VRayMtl 材质类型，将材质球命名为"布"，为 Diffuse 右侧的贴图通道添加一个 Falloff（衰减）贴图来表现布的质感，具体参数如图 5.54 所示。

（5）返回 VRayMtl 材质层级，打开 BRDF 卷展栏，参数设置如图 5.55 所示。

（6）将材质指定给物体"布"和"靠垫 1"，局部渲染如图 5.56 所示。

至此，场景的灯光测试和材质设置都已经完成，下面将对场景进行最终渲染设置。最终渲染设置将决定图像的最终渲染品质。

图 5.53

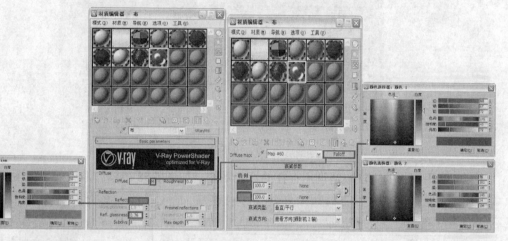

图 5.54

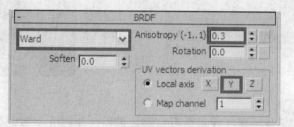

图 5.55

图 5.56

5.4 最终成品渲染

5.4.1 最终测试灯光效果

由于场景中指定了大面积的深色材质，在最终渲染之前首先对场景的灯光效果再次进行测试。

（1）按 F10 键打开"渲染设置"对话框，进入 V-Ray 选项卡，在 V-Ray::Irradiance map（发光贴图）卷展栏中设置参数，如图 5.57 所示。这样就取消了调用已经存在的发光贴图。

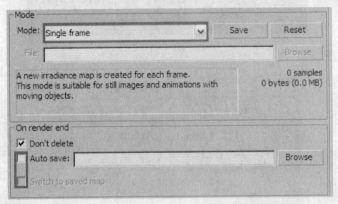

图 5.57

（2）用同样的方法取消调用存在的灯光贴图，如图 5.58 所示。渲染效果如图 5.59 所示。

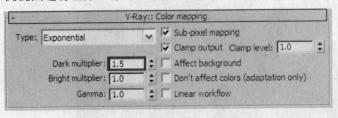

图 5.58   图 5.59

（3）观察渲染效果，场景光线稍微有点暗，调整一下曝光参数，如图 5.60 所示。再次对摄影机视图进行渲染，效果如图 5.61 所示。

图 5.60   图 5.61

5.4.2 灯光细分参数设置

将所有 VRayLight 的灯光细分值都设置为 32，如图 5.62 所示。

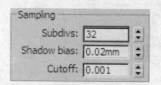

图 5.62

提示：提高灯光细分可以有效地减少杂点。

5.4.3　设置保存发光贴图和灯光贴图的渲染参数

在第 2 章中已经讲解过保存发光贴图和灯光贴图的方法，这里不再重复，只对渲染级别设置进行讲解。

（1）单击 Indirect illumination（间接照明）选项卡，在 V-Ray::Irradiance map（发光贴图）卷展栏中进行参数设置，如图 5.63 所示。

（2）在 V-Ray::Light cache（灯光缓存）卷展栏中进行参数设置，如图 5.64 所示。

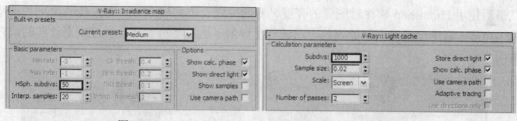

图 5.63　　　　　　　　　　　　　　　　图 5.64

（3）单击 Settings（设置）选项卡，在 V-Ray::DMC Sample（准蒙特卡罗采样器）卷展栏中设置参数如图 5.65 所示，这是模糊采样设置。

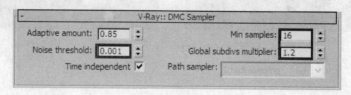

图 5.65

渲染级别设置完毕，最后设置保存发光贴图和灯光贴图的参数并进行渲染即可。

5.4.4　最终成品渲染

最终成品渲染的参数设置如下。

（1）当发光贴图和灯光贴图计算完毕后，在"渲染设置"对话框中的"公用"选项卡中设置最终渲染图像的输出尺寸，如图 5.66 所示。

（2）单击 V-Ray 选项卡，在 V-Ray::Image sampler(Antialiasing)（抗锯齿采样）卷展栏中设置抗锯齿和过滤器，如图 5.67 所示。

（3）为了方便后期处理，我们将渲染好的图像保存为 TGA 格式的文件，最终渲染的效果如图 5.68 所示。

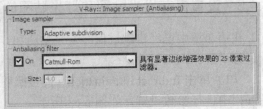

图 5.66   图 5.67

最后使用 Photoshop 软件对图像的亮度、对比度以及饱和度进行调整，使效果更加生动、逼真。在第 2 章中已经对后期处理的方法进行了讲解，这里不再赘述。经过后期处理的最终效果如图 5.69 所示。

图 5.68   图 5.69

第6章 欧式浴室

6.1 欧式浴室空间简介

本章案例制作的是一个欧式浴室，当前浴室设计正向着健康、享受、休闲的方向发展，完美的卫浴空间应该是集实用和装饰于一身。在合理的功能划分基础上要注意整体空间的色彩搭配，本章案例采用了大面积的大理石材质，整个空间以黄色为基调，达到了色调的统一，给人以尊贵、典雅的感觉，最终渲染的效果如图 6.1 所示。

如图 6.2 所示为浴室模型的线框渲染效果。

图 6.1   图 6.2

下面进行测试渲染参数设置。

6.2 测试渲染设置

在前期的制作材质过程中需要以低质量的渲染参数进行测试渲染，这样可以节省渲染时间。

打开本书配套素材提供的"第 6 章\浴室源文件.Max"文件，这是一个浴室的场景模型，场景中材质相同的部分已经被塌陷或成组，如图 6.3 所示。

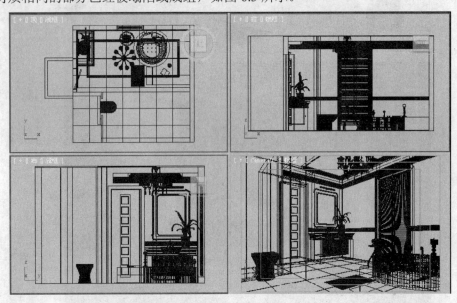

图 6.3

下面首先进行测试渲染参数设置，然后进行灯光设置。灯光布置主要包括天光和室内光源的建立。

6.2.1 设置测试渲染参数

（1）按 F10 键打开"渲染设置"对话框，已经事先选择了 VRay 渲染器。单击"公用"选项卡，在"公用参数"卷展栏中设置较小的图像尺寸，如图 6.4 所示。

（2）单击 V-Ray 选项卡，在 V-Ray::Global switches（全局开关）卷展栏中进行参数设置，如图 6.5 所示。

图 6.4

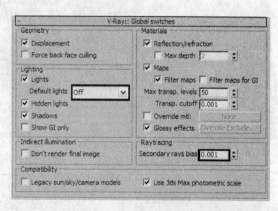

图 6.5

（3）在 V-Ray::Image sampler（Antialiasing）（抗锯齿采样）卷展栏中进行参数设置，如图 6.6 所示。

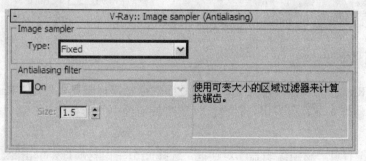

图 6.6

（4）下面对环境光进行设置。打开 V-Ray::Environment（环境）卷展栏，在 GI Environment（skylight）override（环境天光覆盖）选项组中勾选 On（开启）复选框，参数设置如图 6.7 所示。

（5）进入 Indirect illumination（间接照明）选项卡中，在 V-Ray::Indirect illumination（GI）（间接照明）卷展栏中进行参数设置，如图 6.8 所示。

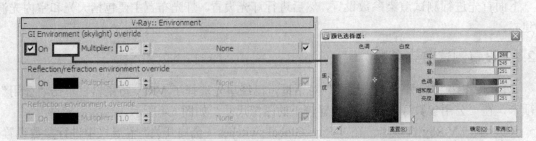

图 6.7

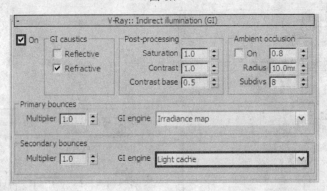

图 6.8

（6）在 V-Ray::Irradiance map（发光贴图）卷展栏中进行参数设置，如图 6.9 所示。

（7）在 V-Ray::Light cache（灯光缓存）卷展栏中进行参数设置，如图 6.10 所示。

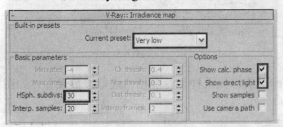

图 6.9

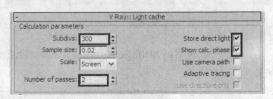

图 6.10

6.2.2　布置场景灯光

本例使用 VRay 天光模拟环境天光，使用目标平行光模拟阳光，使用 VRayLight 模拟环境光，在为场景创建灯光前，首先用一种白色材质覆盖场景中的所有物体，这样便于观察灯光对场景的影响。

（1）按 M 键打开"材质编辑器"对话框，选择一个空白材质球，单击 Standard （标准）按钮，在弹出的"材质/贴图浏览器"对话框中选择 VRayMtl 材质，将材质命名为"替换材质"，具体参数设置如图 6.11 所示。

（2）按 F10 键打开"渲染设置"对话框，单击 V-Ray 选项卡，在 V-Ray::Global switches（全局开关）卷展栏中，勾选 Override mtl（覆盖材质）复选框，然后进入"材质编辑器"对话框中，将"替换材质"的材质球拖到 Override mtl 右侧的 NONE 材质通道按钮上，并以"实例"方式进行关联复制，具体操作过程如图 6.12 所示。

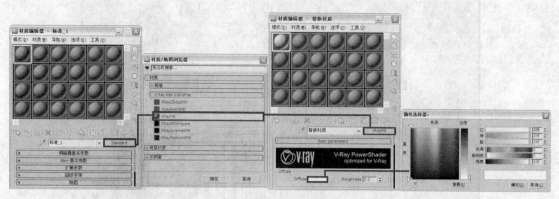

图 6.11

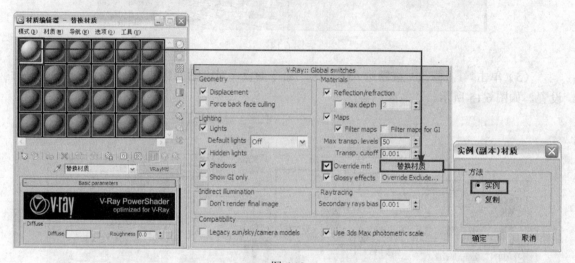

图 6.12

（3）将物体"窗玻璃"隐藏，对摄影机视图进行渲染，此时渲染效果如图 6.13 所示。

图 6.13

注意：隐藏"窗玻璃"是为了观察天光对场景的影响，从图中可以看出场景已经有了大概的明暗关系，下面我们会继续为场景添加必要的灯光来以丰富场景的细节。

（4）下面创建室外的日光。单击 ☀ （创建）按钮进入"创建"命令面板，再单击 ◎ （灯光）按钮，在下拉列表中选择"标准"灯光，单击 目标平行光 按钮，在场景中创建一盏目标平行光作为场景的主光源日光，位置如图 6.14 所示。

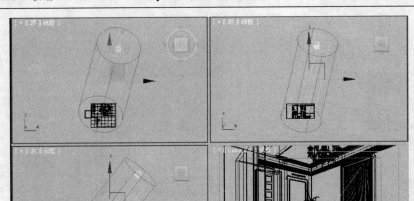

图 6.14

（5）单击 [图]（修改）按钮进入"修改"命令面板，对刚刚创建的目标平行光的参数进行设置，如图 6.15 所示。

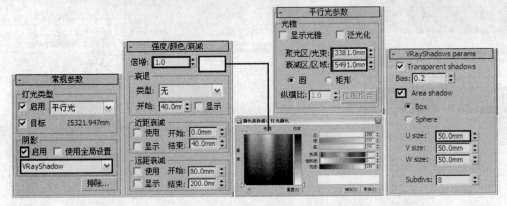

图 6.15

（6）此时渲染效果如图 6.16 所示。

图 6.16

（7）单击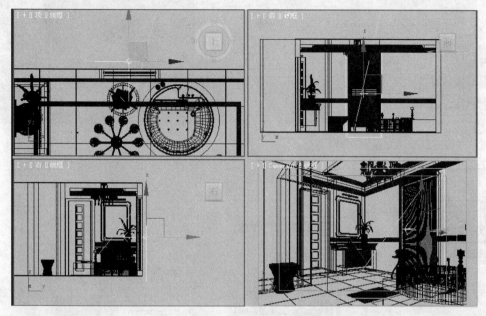（灯光）按钮，在下拉列表中选择"VRay"选项，然后在"对象类型"卷展栏中单击 VRayLight 按钮，在场景中窗口的位置创建一盏 VRayLight 模拟环境光，位置如图 6.17 所示，参数设置如图 6.18 所示。

图 6.17

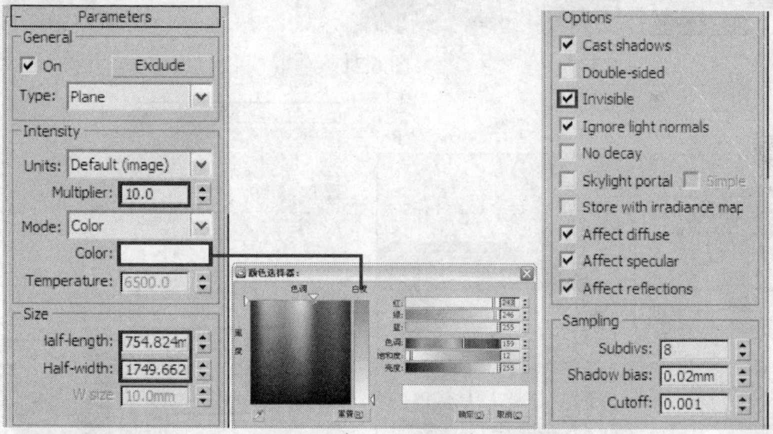

图 6.18

（8）对摄影机视图进行渲染，渲染后可以看到图像曝光非常严重，下面通过降低 2 次反弹的全局光照引擎的倍增值来改善场景曝光。按 F10 键打开"渲染设置"对话框，进入 Indirect illumination（间接照明）选项卡中，在 V-Ray::Indirect illumination（GI）（间接照明）卷展栏中进行参数设置，如图 6.19 所示。

（9）再次对摄影机视图渲染，此时效果如图 6.20 所示。

（10）下面为场景添加室内灯光。在场景的顶部创建一盏 VRayLight 来模拟灯带效果，位置及参数设置如图 6.21 所示。

（11）继续在场景的顶部创建 VRayLight，位置及参数设置如图 6.22 所示。

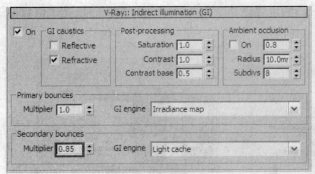

图 6.19

图 6.20

图 6.21

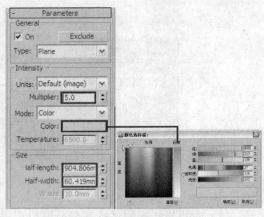

图 6.22

（12）在门后创建一盏 VRayLight，位置及参数设置如图 6.23 所示。

（13）隐藏场景中的物体"花纹玻璃"及"门磨砂玻璃"，然后对摄影机视图进行渲染，此时效果如图 6.24 所示。

（14）在坐便后面的灯槽位置创建 VRayLight，位置及参数设置如图 6.25 所示。

（15）关联复制刚刚创建的灯光 VRayLight07，在顶视图中将其移动到如图 6.26 所示的位置。

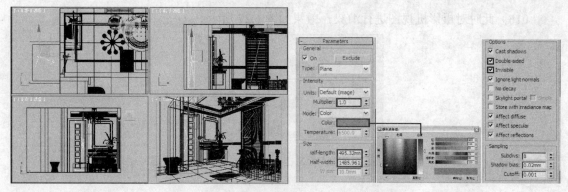

图 6.23

图 6.24

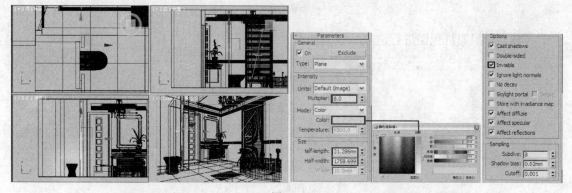

图 6.25

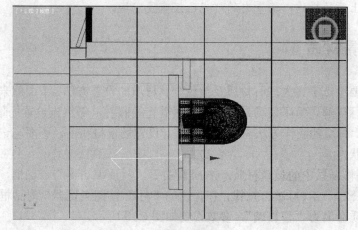

图 6.26

（16）此时对摄影机视图进行渲染，效果如图 6.27 所示。

图 6.27

（17）在洗手池柜子下面的位置创建一盏 VRayLight，位置及参数设置如图 6.28 所示。

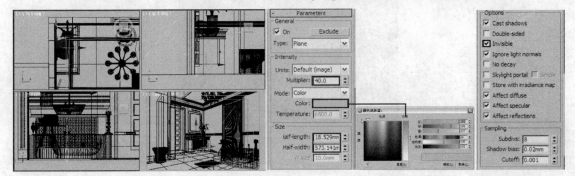

图 6.28

（18）对摄影机视图进行渲染，效果如图 6.29 所示。

图 6.29

提示：经过上面的操作，场景中的灯光已经布置完毕。

6.3　设置场景材质

该场景中需要重点掌握大理石材质及黄色金属材质的设置方法，下面就来对浴室中常见材质的设置方法进行讲解。为了使场景可以正常接受光线照射，仍然先设置场景内的玻璃材质。其中"花纹玻璃"材质的制作方法需要重点掌握。设置场景材质前，不要忘记取消前面对场景物体的材质替换状态。

（1）首先制作场景中的玻璃材质。按 M 键打开"材质编辑器"对话框，选择一个空白材质球，单击 Standard （标准）按钮，在弹出的"材质/贴图浏览器"对话框中选择 VRayMtl 材质类型，将材质命名为"窗玻璃"，参数设置如图 6.30 所示。

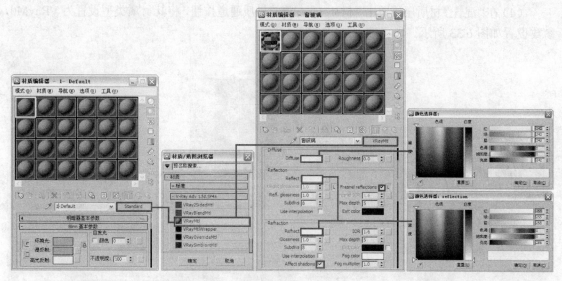

图 6.30

（2）将之前隐藏的物体全部恢复显示，然后在场景中选择物体"窗玻璃"，单击"材质编辑器"对话框中的 （将材质指定给选定对象）按钮，将材质指定给物体"窗玻璃"，对摄影机视图进行渲染，此时效果如图 6.31 所示。

图 6.31

（3）下面制作"花纹玻璃"材质。按 M 键打开"材质编辑器"对话框，选择一个空白材质球，将材质设置为"混合"材质类型，命名为"花纹玻璃"，如图 6.32 所示。

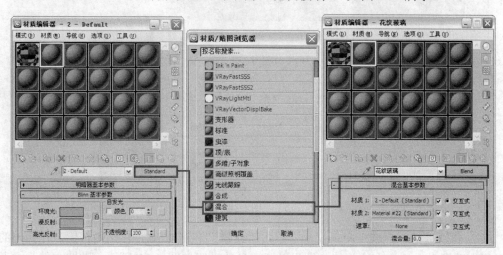

图 6.32

（4）在"混合"材质层级单击"材质1"右侧的材质通道按钮，将其材质类型设置为 VRayMtl，参数设置如图 6.33 所示。

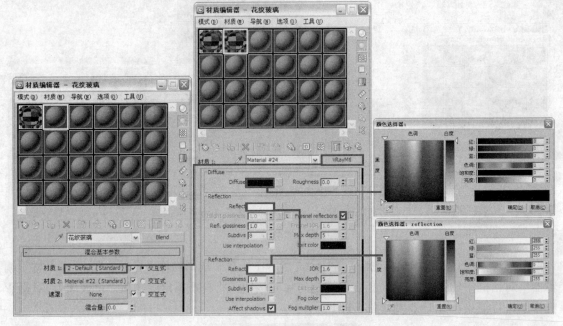

图 6.33

5．返回"混合"材质层级，单击"材质 2"右侧的材质通道按钮，将其材质类型设置为 VRayMtl，参数设置如图 6.34 所示。

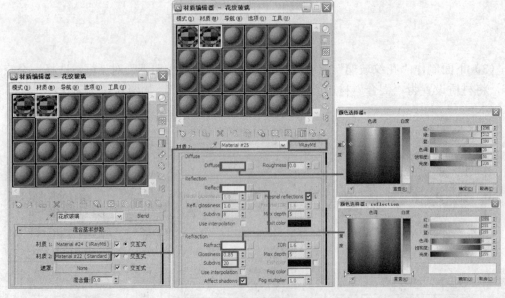

图 6.34

（6）再次返回"混合"材质层级，单击"遮罩"右侧的 NONE 贴图按钮，在弹出的"材质/贴图浏览器"对话框中选择"位图"贴图，参数设置如图 6.35 所示。贴图文件为本书配套素材提供的"第 6 章\贴图\Design 118812.jpg"文件。

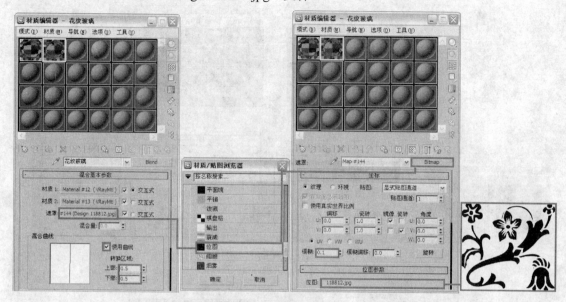

图 6.35

（7）将材质指定给物体"花纹玻璃"，对摄影机视图进行渲染，此时效果如图 6.36 所示。

图 6.36

（8）下面制作墙面部分的大理石材质。按 M 键打开"材质编辑器"对话框，选择一个空白材质球，设置为 VRayMtl 材质类型，将材质球命名为"浅色大理石"，单击 Diffuse 右侧的贴图按钮，在弹出的"材质/贴图浏览器"对话框中选择"位图"贴图，参数设置如图 6.37 所示。贴图文件为本书配套素材提供的"第 6 章\贴图\DW431.JPG"文件。将材质指定给物体"浅色大理石墙面"。

（9）下面制作墙裙及窗套部分的大理石材质。按 M 键打开"材质编辑器"对话框，选择一个空白材质球，设置为 VRayMtl 材质类型，将材质球命名为"深色大理石 1"，单击 Diffuse 右侧的贴图按钮，在弹出的"材质/贴图浏览器"对话框中选择"位图"贴图，参数设置如图 6.38 所示。贴图文件为本书配套素材提供的"第 6 章\贴图\2-杭非副本.jpg"文件。

（10）将材质指定给物体"墙裙及窗套"，对摄影机视图进行渲染，局部效果如图 6.39 所示。

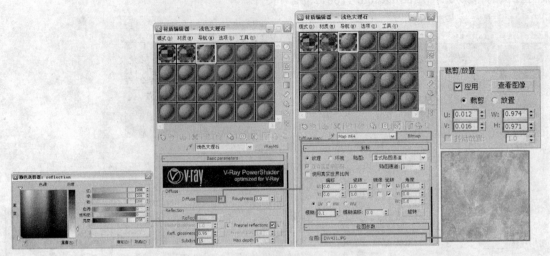

图 6.37

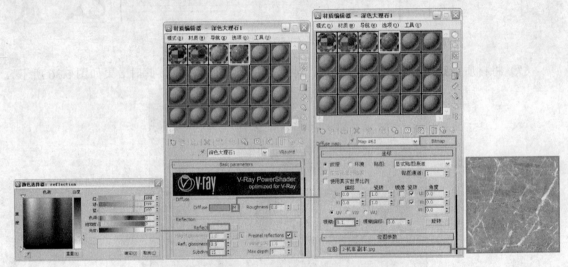

图 6.38

图 6.39

（11）下面制作地面部分的大理石材质。按 M 键打开"材质编辑器"对话框，选择一个空白材质球，设置为 VRayMtl 材质类型，将材质命名为"地面大理石"，单击 Diffuse 右侧的贴图按钮，在弹出的"材质/贴图浏览器"对话框中选择"位图"贴图，参数设置如图 6.40 所示。贴图文件为本书配套素材提供的"第 6 章\贴图\as.JPG"文件。

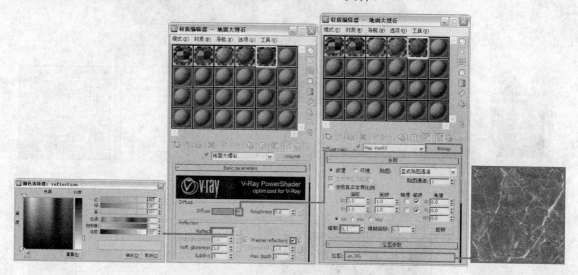

图 6.40

（12）将材质指定给物体"地面大理石"，局部渲染效果如图 6.41 所示。

图 6.41

（13）下面制作马赛克材质。按 M 键打开"材质编辑器"对话框，选择一个空白材质球，设置为 VRayMtl 材质类型，将材质命名为"马赛克"，单击 Diffuse 右侧的贴图按钮，在弹出的"材质/贴图浏览器"对话框中选择"位图"贴图，参数设置如图 6.42 所示。贴图文件为本书配套素材提供的"第 6 章\贴图\Finishes.Flooring.VCT.Mosaic.jpg"文件。

（14）返回 VRayMtl 材质层级，进入 Maps 卷展栏，将 Diffuse 右侧的贴图按钮拖到 Bump 右侧的 NONE 贴图按钮上，在弹出的"复制（实例）贴图"对话框中选择"实例"进行关联复制，如图 6.43 所示。

（15）将材质指定给物体"马赛克"，局部渲染效果如图 6.44 所示。

（16）下面制作镜框部分的磨砂金属材质，按 M 键打开"材质编辑器"对话框，选择一个空白材质球，设置为 VRayMtl 材质类型，将材质命名为"黄色磨砂金属"，参数设置如图 6.45 所示。

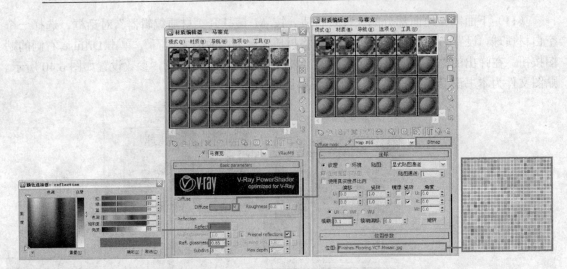

图 6.42

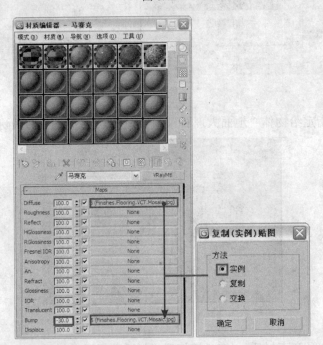

图 6.43

图 6.44

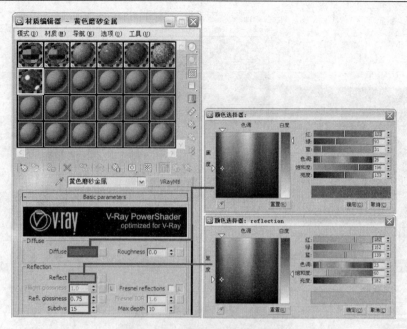

图 6.45

（17）将材质指定给物体"黄色磨砂金属部件"，局部渲染效果如图 6.46 所示。

（18）下面制作黄色金属材质。按 M 键打开"材质编辑器"对话框，选择一个空白材质球，设置为 VRayMtl 材质类型，将材质命名为"黄色金属"，参数设置如图 6.47 所示。

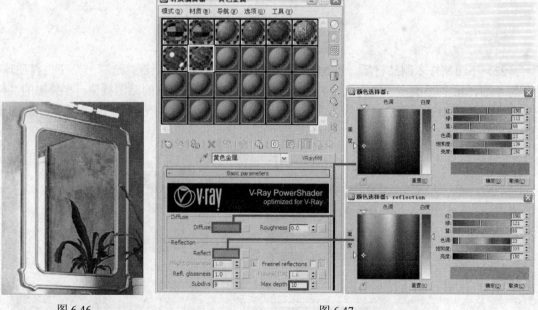

图 6.46　　　　　　　　　　　　　　　　图 6.47

（19）将材质指定给物体"黄色金属部件"，局部渲染效果如图 6.48 所示。

（20）下面制作陶瓷材质。按 M 键打开"材质编辑器"对话框，选择一个空白材质球，设置为 VRayMtl 材质类型，将材质命名为"陶瓷"，参数设置如图 6.49 所示。

（21）将材质指定给物体"陶瓷制品"，局部渲染效果如图 6.50 所示。

图 6.48

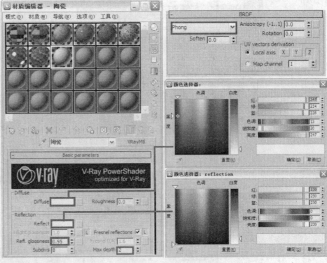

图 6.49

图 6.50

（22）下面制作木制品材质。按 M 键打开"材质编辑器"对话框，选择一个空白材质球，设置为 VRayMtl 材质类型，将材质命名为"木"，单击 Diffuse 右侧的贴图按钮，在弹出的"材质/贴图浏览器"对话框中选择"位图"贴图，参数设置如图 6.51 所示。贴图文件为本书配套素材提供的"第 6 章\贴图\006.jpg"文件。

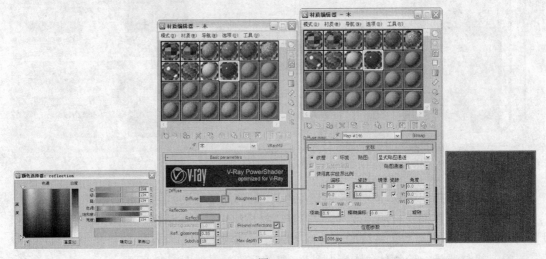

图 6.51

（23）将材质指定给物体"木制品"，局部渲染效果如图 6.52 所示。

图 6.52

6.4 最终渲染设置

6.4.1 最终测试灯光效果

场景中的材质设置完毕后需要对场景进行渲染，观察此时场景整体的灯光效果。对摄影机视图进行渲染，效果如图 6.53 所示。

观察渲染效果，场景光线稍微有点暗，调整一下曝光参数，具体参数设置如图 6.54 所示。再次对摄影机视图进行渲染，效果如图 6.55 所示。

图 6.53

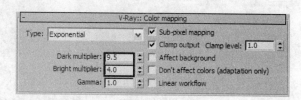

图 6.54

图 6.55

提示：观察渲染效果，不需要再进行调整，下面进行最终渲染。

6.4.2 提高灯光细分值

在前期进行测试渲染时，使用默认的细分值可以节省大量的渲染时间，但会使画面有比较多的杂点，在最终渲染时需要提高灯光细分值，减少这些杂点。

（1）将场景中的 Direct01 灯光的细分值设置为 24，如图 6.56 所示。

（2）将所有的 VRayLight 的细分值设置为 24，如图 6.57 所示。

图 6.56

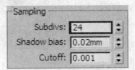

图 6.57

6.4.3 设置保存发光贴图和灯光贴图的渲染参数

在第 2 章中已经讲解过保存发光贴图和灯光贴图的方法，这里不再重复，只对渲染级别设置进行讲解。

（1）按 F10 键打开"渲染场景"对话框，单击 Indirect illumination（间接照明）选项卡，在 V-Ray::Irradiance map（发光贴图）卷展栏中进行参数设置，如图 6.58 所示。

（2）在 V-Ray::Light cache（灯光缓存）卷展栏中进行参数设置，如图 6.59 所示。

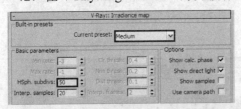

图 6.58

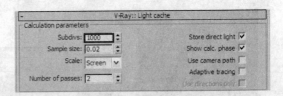

图 6.59

（3）单击 Settings（设置）选项卡，在 V-Ray::DMC Sample（准蒙特卡罗采样器）卷展栏中设置参数如图 6.60 所示，这是模糊采样设置。

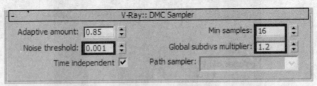

图 6.60

渲染级别设置完毕，最后设置保存发光贴图和灯光贴图的参数并进行渲染即可。

6.4.4 最终成品渲染

最终成品渲染的参数设置如下。

（1）当发光贴图和灯光贴图计算完毕后，在"渲染设置"对话框的"公用"选项卡中设置最终渲染图像的输出尺寸，如图 6.61 所示。

（2）单击 V-Ray 选项卡，在 V-Ray::Image sampler(Antialiasing)（抗锯齿采样）卷展栏中

设置抗锯齿和过滤器，如图 6.62 所示。

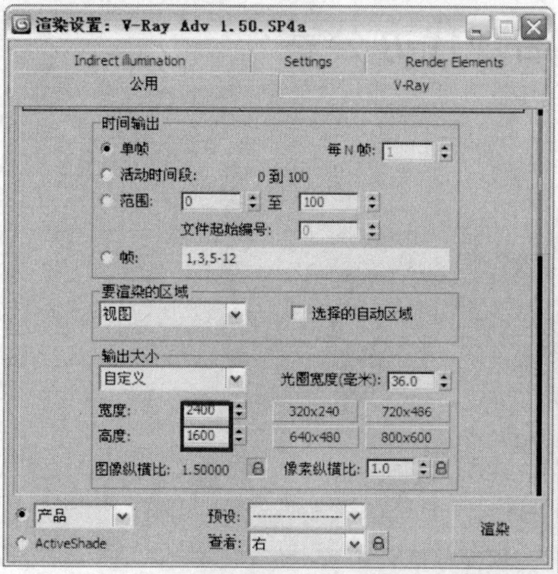

图 6.61

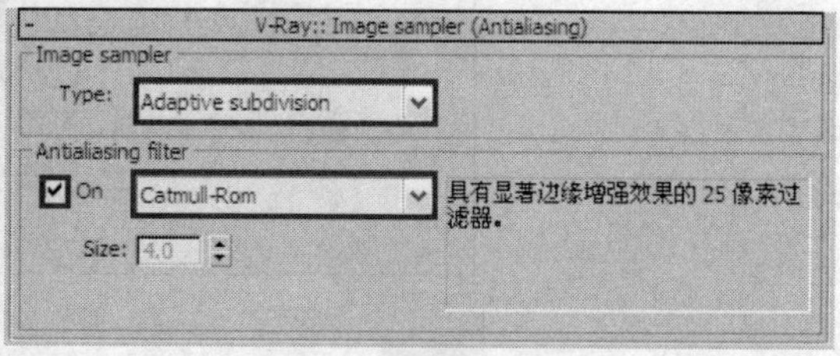

图 6.62

（3）最终渲染完成的效果如图 6.63 所示。

最后使用 Photoshop 软件对图像的亮度、对比度以及饱和度进行调整，使效果更加生动、逼真。在第 2 章中已经对后期处理的方法进行了讲解，这里不再赘述。最终效果如图 6.64 所示。

图 6.63

图 6.64

第 7 章　简洁现代办公室

7.1 简洁现代办公空间简介

本章案例展示的是一个现代办公空间的场景，落地的玻璃窗保证了室内充足的光线，素雅的地板与墙壁使整个空间感觉简洁、明快。

考虑到办公室在白天应用较多，场景采用了日光表现手法，案例效果如图 7.1 所示。

如图 7.2 所示为办公室模型的线框效果图，其他视角效果如图 7.3 所示。

图 7.1 图 7.2

图 7.3

下面首先进行测试渲染参数设置，然后进行灯光设置。

7.2 测试渲染设置

打开本书配套素材提供的"第 7 章\办公室源文件.Max"场景文件，如图 7.4 所示，可以看到这是一个已经创建好的办公室场景模型，并且场景中的摄影机也已经创建好。

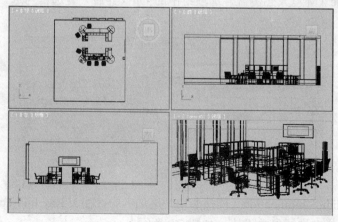

图 7.4

下面首先进行测试渲染参数设置，然后进行灯光设置。灯光布置包括室外天光和室内辅助光源的建立。

7.2.1 设置测试渲染参数

测试渲染参数的设置步骤如下。

（1）按 F10 键打开"渲染设置"对话框，渲染器已经设置为 V-Ray Adv 1.50.SP4a，单击"公用"选项卡，在"公用参数"卷展栏中设置较小的图像尺寸，如图 7.5 所示。

（2）单击 V-Ray 选项卡，在 V-Ray::Global switches（全局开关）卷展栏中进行参数设置，如图 7.6 所示。

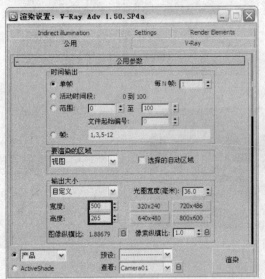

图 7.5

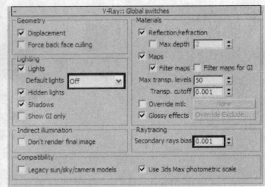

图 7.6

（3）在 V-Ray::Image sampler（Antialiasing）（抗锯齿采样）卷展栏中进行参数设置，如图 7.7 所示。

（4）下面对环境光进行设置。打开 V-Ray::Environment（环境）卷展栏，将 GI Environment（skylight）override（环境天光覆盖）选项组中的 On（开启）复选框勾选，参数设置如图 7.8 所示。

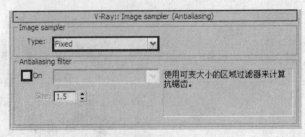

图 7.7

（5）进入 Indirect illumination（间接照明）选项卡中，在 V-Ray:Indirect illumination（GI）（间接照明）卷展栏中进行参数设置，如图 7.9 所示。

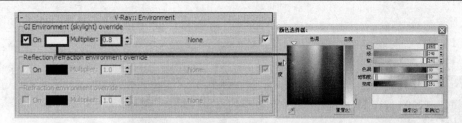

图 7.8

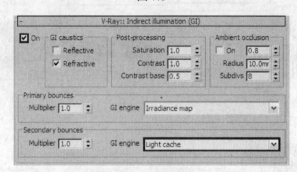

图 7.9

（6）在 V-Ray::Irradiance map（发光贴图）卷展栏中进行设置参数，如图 7.10 所示。

（7）在 V-Ray::Light cache（灯光缓存）卷展栏中进行设置参数，如图 7.11 所示。

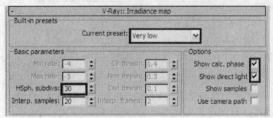

图 7.10　　　　　　　　　　　　　图 7.11

7.2.2　布置场景灯光

本场景光线来源主要为室外的天光。在为场景创建灯光前，首先用一种白色材质覆盖场景中的所有物体，这样便于观察灯光对场景的影响。

（1）按 M 键打开"材质编辑器"对话框，选择一个空白材质球，单击 **Standard**（标准）按钮，在弹出的"材质/贴图浏览器"对话框中选择 VRayMtl 材质，将材质命名为"替换材质"，具体参数设置如图 7.12 所示。

（2）按 F10 键打开"渲染设置"对话框，单击 V-Ray 选项卡，在 V-Ray::Global switches（全局开关）卷展栏中，勾选 Override mtl（覆盖材质）复选框，然后进入"材质编辑器"对话框中，将"替换材质"的材质球拖到 Override mtl 右侧的 NONE 材质通道按钮上，并以"实例"方式进行关联复制，具体操作过程如图 7.13 所示。

（3）天光的创建。单击 ※（创建）按钮进入"创建"命令面板，再单击 ◊（灯光）按钮，在下拉列表中选择 VRay 选项，然后在"对象类型"卷展栏中单击 VRayLight 按钮，创建一个 VRayLight 面光源，位置如图 7.14 和图 7.15 所示。

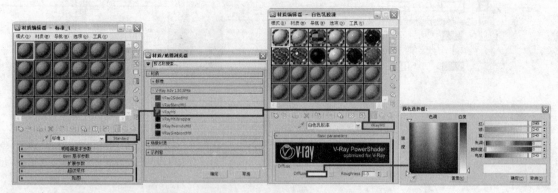

图 7.12

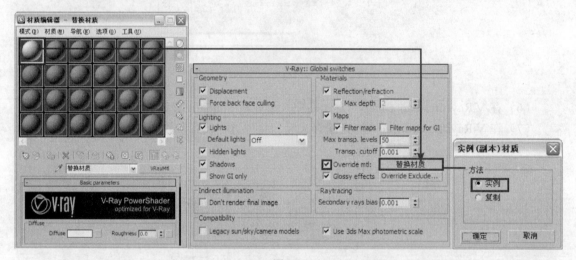

图 7.13

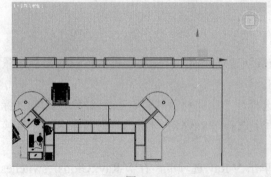

图 7.14

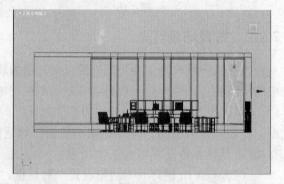

图 7.15

提示：在进行场景渲染之前，必须隐藏场景中的物体"窗玻璃"，否则光线将无法通过窗口进入室内。

（4）灯光参数设置如图 7.16 所示。此时摄影机视图渲染效果如图 7.17 所示。

（5）在顶视图中沿 Y 轴方向向上复制刚刚创建的 VRayLight 面光源，然后对其灯光参数进行修改，如图 7.18 所示。

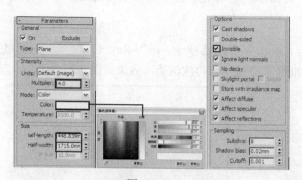

图 7.16

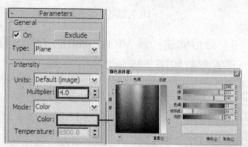

图 7.17

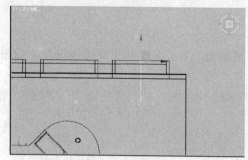

图 7.18

（6）渲染效果如图 7.19 所示。

图 7.19

（7）在顶视图中选中刚刚创建的两盏 VRayLight 面光源沿 X 轴方向以"实例"方式关联复制 5 组，位置如图 7.20 所示，再次渲染效果如图 7.21 所示。

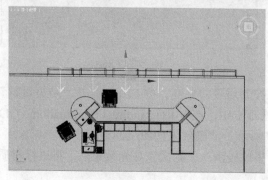

图 7.20

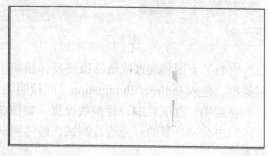

图 7.21

提示：从渲染效果可以看到场景很亮，大面积严重曝光，没有什么明暗对比。下面将通过改变曝光类型来解决这个问题。

（8）按 F10 键打开"渲染设置"对话框，单击 V-Ray 选项卡，在 V-Ray::Color mapping（色彩映射）卷展栏中进行曝光控制，参数设置如图 7.22 所示。再次渲染，效果如图 7.23 所示。

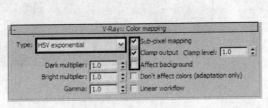

图 7.22

图 7.23

（9）最后创建一盏 VRayLight 面光源作为辅助光，对其角度和位置进行调整，如图 7.24 所示，设置参数如图 7.25 所示。

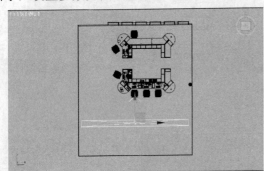

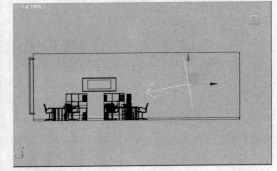

图 7.24

（10）对摄影机视图进行渲染，效果如图 7.26 所示。

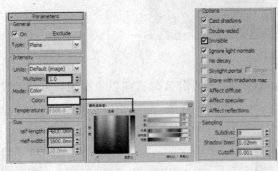

图 7.25

图 7.26

（11）下面将通过降低次级漫反弹倍增值来控制场景的亮度。按 F10 键打开"渲染设置"对话框，进入 Indirect illumination（间接照明）选项卡中，在 V-Ray::Indirect illumination（GI）（间接照明）卷展栏中进行参数设置，如图 7.27 所示。渲染效果如图 7.28 所示。

对办公室场景的灯光进行测试，最终测试结果比较满意。测试完灯光效果后，将进行材质设置。

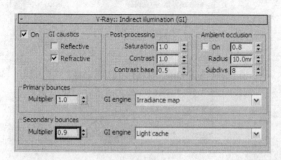

| 图 7.27 | 图 7.28 |

7.3　设置场景材质

灯光测试完成后，就可以为模型设置材质了。通常，首先设置主体模型的材质，如墙体、地面、门窗等，然后设置单个模型的材质，如椅子、沙发等家具和饰物。

7.3.1　设置主体材质

（1）在设置场景材质前，首先要取消前面对场景物体材质的替换状态。按 F10 键打开"渲染设置"对话框，单击 V-Ray 选项卡，在 V-Ray::Global switches（全局开关）卷展栏中，取消 Override mtl 前的复选框的勾选状态，如图 7.29 所示。

（2）设置白色墙面材质。按 M 键打开"材质编辑器"对话框，将刚刚创建的"替换材质"改名为"白色乳胶漆"，如图 7.30 所示。然后将材质指定给物体"墙体"。

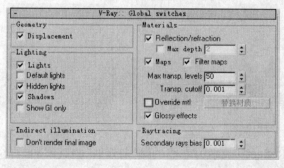

| 图 7.29 | 图 7.30 |

（3）设置地板砖材质。首先选择一个空白材质球，单击 Standard 按钮，在弹出的"材质/贴图浏览器"对话框中选择 VRayMtl 材质，并命名为"釉面砖"，如图 7.31 所示。

（4）在 VRayMtl 材质层级进行参数设置，单击 Diffuse（漫反射）右侧的贴图按钮，为其添加一个"位图"贴图，具体参数设置如图 7.32 所示。贴图文件为本书配套素材提供的"第 7 章\贴图\地砖.JPG"文件。

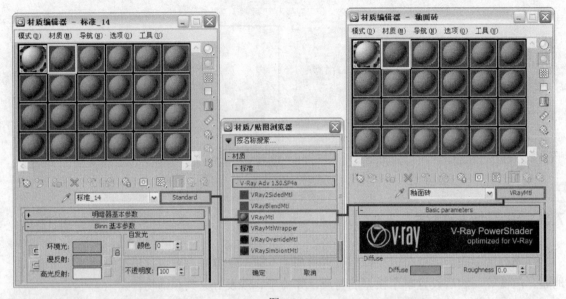

图 7.31

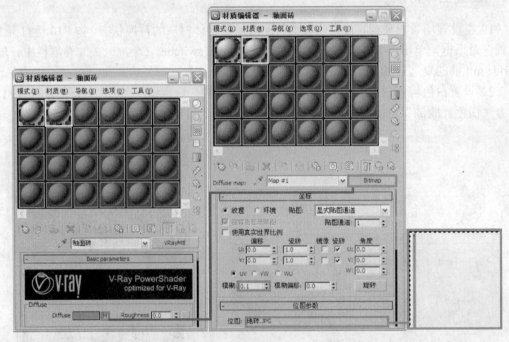

图 7.32

（5）返回 VRayMtl 材质层级，单击 Reflect（反射）右侧的贴图按钮，为其添加一个"衰减"贴图，参数设置如图 7.33 所示。

（6）再次返回 VRayMtl 材质层级，进入 Maps 卷展栏，将 Diffuse 右侧的贴图按钮拖到 Bump 右侧的 None 贴图按钮上进行复制（非关联复制），参数设置如图 7.34 所示。最后将材质指定给物体"地面"，局部效果如图 7.35 所示。

（7）设置窗玻璃的材质。首先将物体"窗玻璃"恢复显示，然后选择一个空白材质球，将其设置为 VRayMtl 材质，并命名为"窗玻璃"，具体参数设置如图 7.36 所示。将材质指定给物体"窗玻璃"。

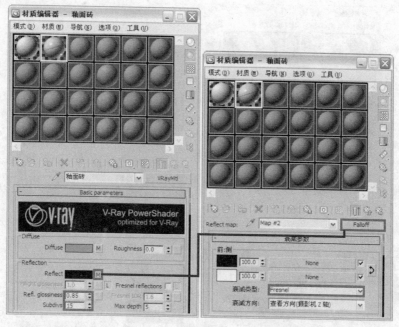

图 7.33

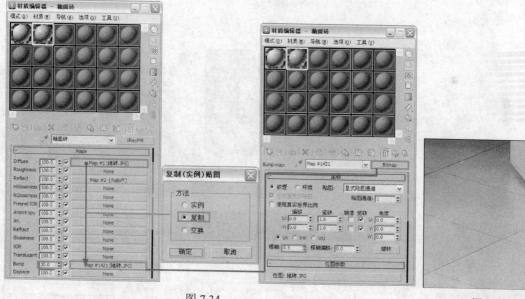

图 7.34   图 7.35

7.3.2　设置办公室家具材质

　　（1）设置混油白漆材质。选择一个空白材质球，将其设置为 VRayMtl 材质，并命名为"白漆"，单击 Reflect 右侧的贴图按钮，为其添加一个"衰减"贴图，具体参数设置如图 7.37 所示。

　　（2）将设置好的材质指定给物体"混油木"，局部渲染效果如图 7.38 所示。

　　（3）设置柜子的木质材质。选择一个空白材质球，将其设置为 VRayMtl 材质，并命名为"柜子木质"，单击 Diffuse 右侧的贴图按钮，为其添加一个"位图"贴图，具体参数设置如图

7.39 所示。贴图文件为本书配套素材提供的"第 7 章\贴图\枫木-13.jpg"文件。

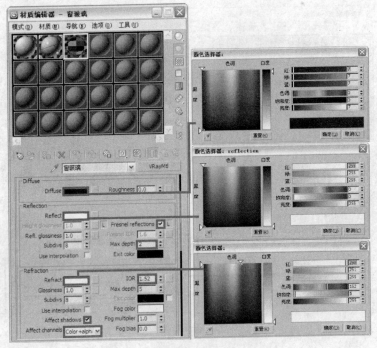

图 7.36

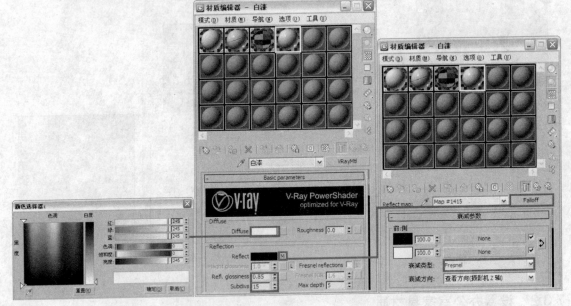

图 7.37

（4）返回 VRayMtl 材质层级，单击 Reflect 右侧的贴图按钮，为其添加一个"衰减"贴图，参数设置如图 7.40 所示。

（5）由于柜子木质颜色较深，且所占面积较大，在场景中很容易产生色溢现象。为了避免产生明显的色溢，需要为其材质添加 VRayMtlwrapper（VRay 材质包裹），具体参数设置如图 7.41 所示。

图 7.38

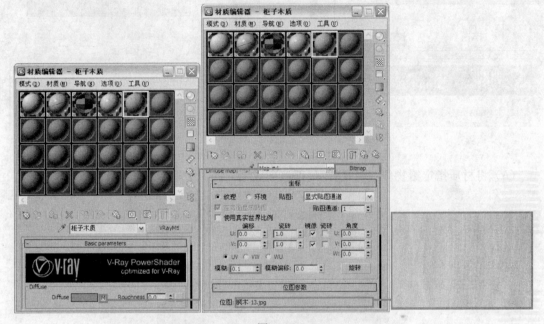

图 7.39

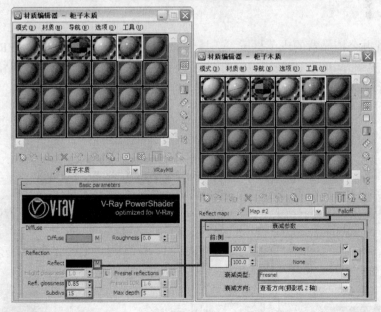

图 7.40

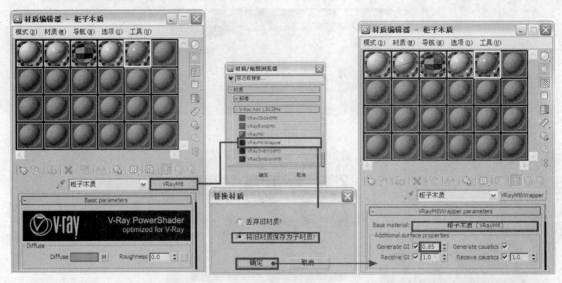

图 7.41

（6）将材质指定给物体"柜子"，局部渲染效果如图 7.42 所示。

图 7.42

（7）设置办公椅靠背的皮革材质。选择一个空白材质球，将其设置为 VRayMtl 材质，并命名为"椅子皮革"，单击 Reflect 右侧的贴图按钮，为其添加一个"衰减"贴图，具体参数设置如图 7.43 所示。

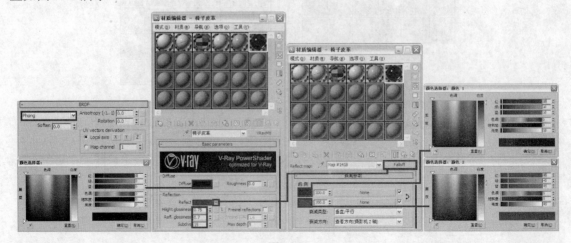

图 7.43

（8）返回 VRayMtl 材质层级，进入 Maps 卷展栏，单击 Bump 右侧的 None 贴图按钮，为其添加一个"位图"贴图，具体参数设置如图 7.44 所示。贴图文件为本书配套素材提供的"第 7 章\贴图\leather_bump.jpg"文件。最后将材质指定给物体"椅子靠背"，局部渲染效果如图 7.45 所示。

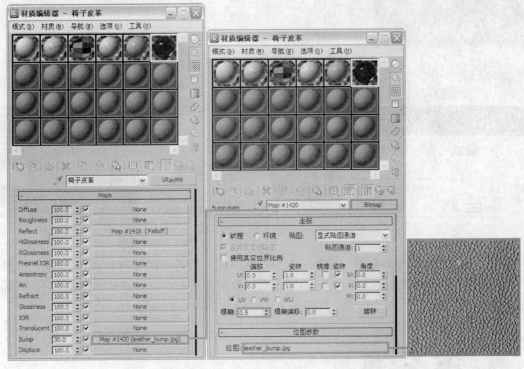

图 7.44

（9）设置一种金属材质。选择一个空白材质球，将其设置为 VRayMtl 材质，并命名为"金属 01"，具体参数设置如图 7.46 所示。最后将材质指定给物体"金属制品 01"，局部渲染效果如图 7.47 所示。

图 7.45

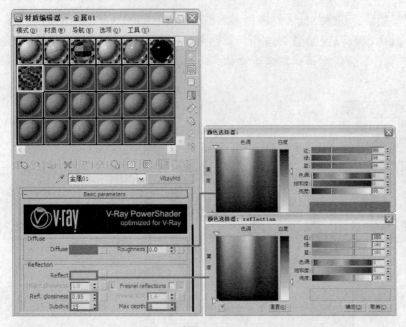

图 7.46   图 7.47

（10）设置另一种金属材质。选择一个空白材质球，将其设置为 VRayMtl 材质，并命名为"金属 02"，具体参数设置如图 7.48 所示。最后将材质指定给物体"金属制品 02"，局部效果如图 7.49 所示。

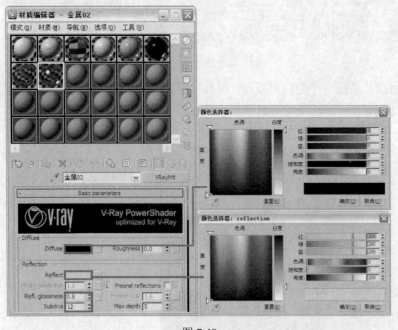

图 7.48   图 7.49

（11）为电脑等设置一种黑色的塑料材质。选择一个空白材质球，将其设置为 VRayMtl 材质，并命名为"黑塑料"，单击 Reflect 右侧的贴图按钮，为其添加一个"衰减"贴图，具体参数设置如图 7.50 所示。

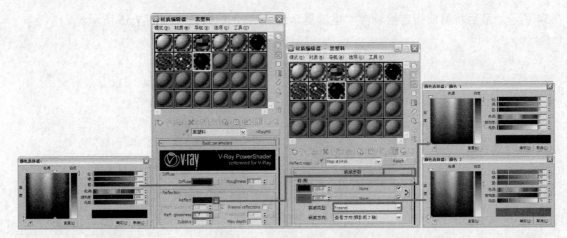

图 7.50

（12）将材质指定给物体"电脑黑"，局部渲染效果如图 7.51 所示。

图 7.51

（13）设置另外一种白色的塑料材质。选择一个空白材质球，将其设置为 VRayMtl 材质，并命名为"白塑料"，单击 Reflect 右侧的贴图按钮，为其添加一个"衰减"贴图，具体参数设置如图 7.52 所示。最后将材质指定给物体"电脑白"，局部效果如图 7.53 所示。

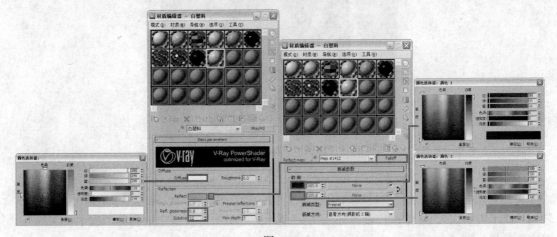

图 7.52

（14）设置电脑显示屏材质。选择一个空白材质球，将其设置为 VRayMtl 材质，并命名为"显示屏"，单击 Reflect 右侧的贴图按钮，为其添加一个"衰减"贴图，具体参数设置如图

7.54 所示。最后将材质指定给物体"电脑显示屏",局部渲染效果如图 7.55 所示。

图 7.53

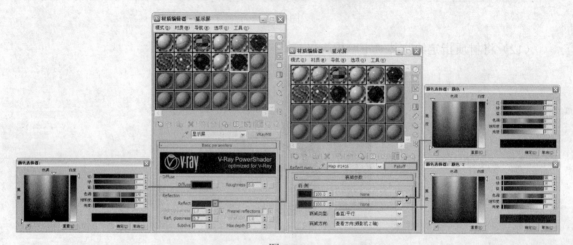

图 7.54

图 7.55

（15）设置饮水机水筒的材质。选择一个空白材质球,将其设置为 VRayMtl 材质,并命名为"饮水机水筒",具体参数设置如图 7.56 所示。最后将材质指定给物体"饮水机水筒",局部渲染效果如图 7.57 所示。

至此,场景的灯光测试和材质设置都已经完成。下面将对场景进行最终渲染设置,这将决定图像的最终渲染品质。

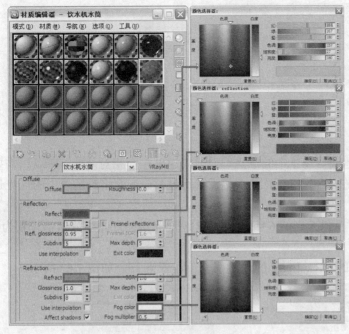

图 7.56　　　　　　　　　　　　　　　　　　图 7.57

7.4　最终渲染设置

最终图像渲染是效果图制作中最重要的一个环节。最终的渲染设置将直接影响到图像的渲染品质，但是也不是所有的参数都越高越好，主要是参数之间的一个相互平衡。下面将对最终渲染设置进行讲解。

7.4.1　最终测试灯光效果

场景中的材质设置完毕后需要对场景进行渲染，观察此时的场景效果。对摄影机视图进行渲染，效果如图 7.58 所示。

图 7.58

观察渲染效果可以发现场景整体偏暗。下面将通过提高曝光参数来提高场景亮度，参数设置如图 7.59 所示。再次渲染，效果如图 7.60 所示。

观察渲染效果，场景光线不需要再调整，接下来将设置最终渲染参数。

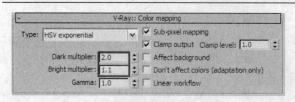

图 7.59

图 7.60

7.4.2 灯光细分参数设置

提高灯光细分值可以有效地减少场景中的杂点，但渲染速度也会相对降低，所以只需要提高一些开启阴影设置的主要灯光的细分值，而且不能设置得过高。下面将对场景中的灯光进行灯光细分设置。

（1）将场景中的靠近窗户、模拟天光的 6 组 12 盏 VRay 面光源的灯光细分值都设置为 20，如图 7.61 所示。

（2）将室内作为辅助光源的 VRayLight 的灯光细分值设置为 15，如图 7.62 所示。

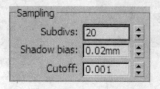

图 7.61

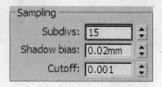

图 7.62

7.4.3 设置保存发光贴图和灯光贴图的渲染参数

在第 2 章中已经讲解过保存发光贴图和灯光贴图的方法，这里不再重复，只对渲染级别设置进行讲解。

（1）单击 Indirect illumination（间接照明）选项卡，在 V-Ray::Irradiance map（发光贴图）卷展栏中进行参数设置，如图 7.63 所示。

（2）在 V-Ray::Light cache（灯光缓存）卷展栏中进行参数设置，如图 7.64 所示。

图 7.63

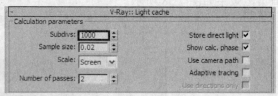

图 7.64

（3）单击 Settings（设置）选项卡，在 V-Ray::DMC Sample（准蒙特卡罗采样器）卷展栏中设置参数，如图 7.65 所示。

图 7.65

渲染级别设置完毕，最后设置保存发光贴图和灯光贴图的参数并进行渲染即可。

7.4.4　最终成品渲染

最终成品渲染的参数设置如下。

（1）当发光贴图和灯光贴图计算完毕后，在"渲染设置"对话框的"公用"选项卡中设置最终渲染图像的输出尺寸，如图 7.66 所示。

（2）单击 V-Ray 选项卡，在 V-Ray::Image sampler(Antialiasing)（抗锯齿采样）卷展栏中设置抗锯齿和过滤器，如图 7.67 所示。

图 7.66

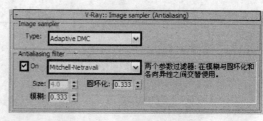

图 7.67

（3）为了方便后期处理，我们将渲染好的图像保存为 TGA 格式的文件，最终渲染完成的效果如图 7.68 所示。

图 7.68

7.5　后期处理

最后使用软件对渲染图像的亮度、对比度以及饱和度等进行调整，同时在场景中添加窗景、绿植等，使效果更加生动、逼真。

（1）在 Photoshop CS3 软件中打开渲染图像，在"图层"调板中将"背景"图层拖到调板下方的　（创建新图层）按钮上，这样就会复制出一个副本图层，如图 7.72 所示。

（2）将刚刚复制出的"背景 副本"图层设置图层模式为"滤色"，不透明度为 40%，提高图像的亮度，如图 7.70 所示。

图 7.69

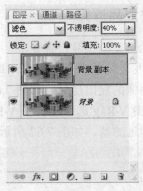

图 7.70

（3）按 Ctrl+E 键合并图层，然后打开本书配套素材提供的"第 7 章\贴图\窗景.jpg"文件，如图 7.71 所示。使用"移动工具"将其拖入正在处理的图像中，调整位置，如图 7.72 所示。

图 7.71

图 7.72

（4）按住 Ctrl 键，在"通道"调板中单击 Alpha 1 通道，载入选区，如图 7.73 所示。

图 7.73

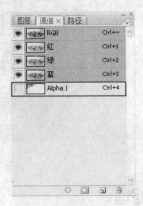

（5）按住 Alt 键，在"图层"调板中单击 ▢ 按钮，为当前图层添加一个图层蒙版，如图 7.74 所示。

（6）打开本书配套素材提供的"第 7 章\贴图\绿植.psd"文件，使用"移动工具"将素材逐个拖入正在处理的图像中，调整位置，如图 7.75 所示。

（7）在"图层"调板中选中"图层 1"，创建一个多边形选区，然后按住 Alt 键单击"图层"调板中的 ▢ 按钮，为当前图层添加一个图层蒙版，如图 7.76 所示。

图 7.74

图 7.75

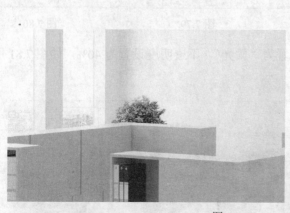

图 7.76

（8）在"图层"调板中选中"图层 3"，对当前图层进行高斯模糊处理。选择菜单栏中的"滤镜"|"模糊"|"高斯模糊"命令，参数设置如图 7.77 所示。

（9）按 Shift+Ctrl+E 键合并可见图层，将所有图层合并为"背景"层，然后选择菜单栏中的"图像"|"调整"|"亮度/对比度"命令，参数设置如图 7.78 所示。

（10）在"图层"调板中再次进行图层复制，生成一个"背景 副本"图层，如图 7.79 所示。

（11）选择菜单栏中的"滤镜"|"模糊"|"高斯模糊"命令，对复制出的图层进行高斯模糊处理，参数设置如图 7.80 所示。

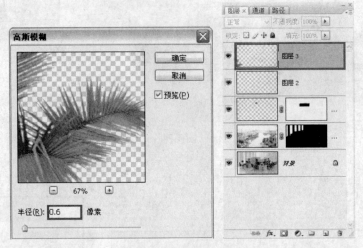

图 7.77

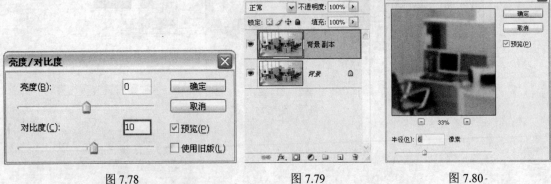

图 7.78　　　　　　　　　　图 7.79　　　　　　　　　　图 7.80

（12）将副本图层的混合模式设置为"柔光"，不透明度设置为 40%，如图 7.81 所示。

图 7.81

（13）按 Ctrl+E 键合并可见图层，然后对图像进行锐化处理。选择菜单栏中的"滤镜"|"锐化"|"USM 锐化"命令，参数设置如图 7.82 所示。效果如图 7.83 所示。

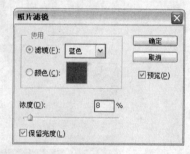

图 7.82　　　　　　　　　　　　　　　　图 7.83

（14）最后添加一个"照片滤镜"。单击"图层"调板下方的 ⬭（创建新的填充或调整图层）按钮，在弹出的快捷菜单中选择"照片滤镜"选项，如图 7.84 所示。对话框参数设置如图 7.85 所示。

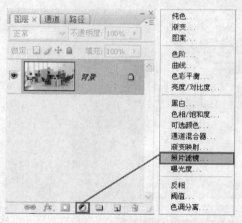

图 7.84　　　　　　　　　　　　　　　　图 7.85

（15）按 Shift+Ctrl+E 键合并可见图层，最终渲染效果如图 7.86 所示。

图 7.86

第 8 章　简洁中式会议室

8.1　简洁中式会议室空间简介

本章案例是一个简洁的中式风格的会议室空间。顶面别致的造型、墙面大面积的木质饰面及地面的地毯，整个空间既有中国传统装饰的风韵，又融入了现代的装饰元素，使空间表情丰富、自然、和谐。

本场景采用了日光的表现手法，案例效果如图 8.1 所示。

会议室模型的线框效果图如图 8.2 所示。

图 8.1   图 8.2

8.2　测试渲染设置

打开本书配套素材提供的"第 8 章\简中会议室源文件.Max"场景文件，如图 8.3 所示，可以看到一个已经创建好的会议室场景模型，并且场景中摄影机已经创建好。

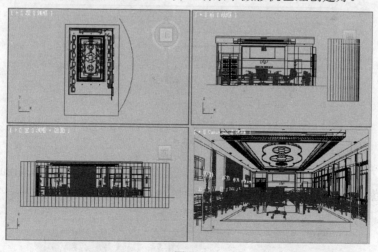

图 8.3

下面首先进行测试渲染参数设置，然后进行灯光设置。灯光布置包括室外天光、日光和室内光源的建立。

8.2.1　设置测试渲染参数

测试渲染参数的设置步骤如下。

（1）按 F10 键打开"渲染设置"对话框，我们已经事先选择了 VRay 渲染器，单击"公用"选项卡，在"公用参数"卷展栏中设置较小的图像尺寸，如图 8.4 所示。

（2）单击 V-Ray 选项卡，在 V-Ray::Global switches（全局开关）卷展栏中进行参数设置，如图 8.5 所示。

图 8.4

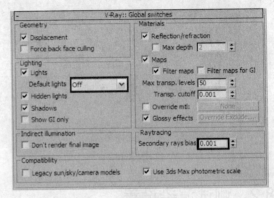

图 8.5

（3）在 V-Ray::Image sampler（Antialiasing）（抗锯齿采样）卷展栏中进行参数设置，如图 8.6 所示。

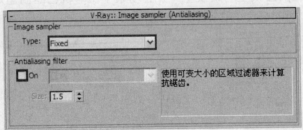

图 8.6

（4）进入 Indirect illumination（间接照明）选项卡，在 V-Ray:Indirect illumination（GI）（间接照明）卷展栏中进行参数设置，如图 8.7 所示。

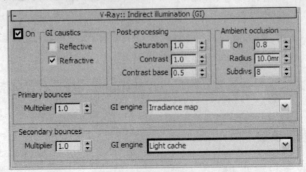

图 8.7

（5）在 V-Ray::Irradiance map（发光贴图）卷展栏中进行参数设置，如图 8.8 所示。

（6）在 V-Ray::Light cache（灯光缓存）卷展栏中进行参数设置，如图 8.9 所示。

 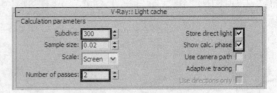

图 8.8　　　　　　　　　　　　　　　　图 8.9

8.2.2　布置场景灯光

本场景光线来源主要为室外天光、日光和室内灯光，在为场景创建灯光前，首先用一种白色材质覆盖所有物体，这样便于观察灯光对场景的影响。

（1）按 M 键打开"材质编辑器"对话框，选择一个空白材质球，单击 **Standard** （标准）按钮，在弹出的"材质/贴图浏览器"对话框中选择 VRayMtl 材质，将材质命名为"替换材质"，具体参数设置如图 8.10 所示。

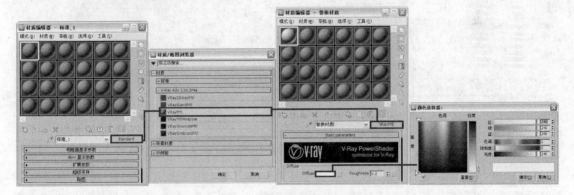

图 8.10

（2）按 F10 键打开"渲染设置"对话框，单击 V-Ray 选项卡，在 V-Ray::Global switches（全局开关）卷展栏中，勾选 Override mtl（覆盖材质）复选框，然后进入"材质编辑器"对话框中，将"替换材质"的材质球拖到 Override mtl 右侧的 NONE 材质通道按钮上，并以"实例"方式进行关联复制，具体操作过程如图 8.11 所示。

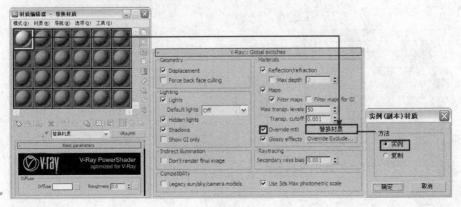

图 8.11

（3）下面开始室外日光的创建。单击 ▨ （创建）按钮进入"创建"命令面板，再单击 ▨ （灯光）按钮，在下拉列表中选择"标准"选项，然后在"对象类型"卷展栏中单击 目标平行光 按钮，在视图中创建一盏目标平行光，位置如图 8.12 所示。参数设置如图 8.13 所示。

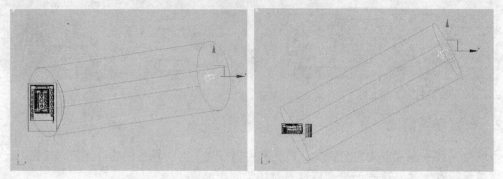

图 8.12

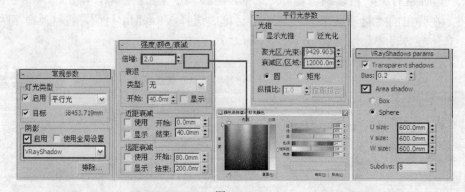

图 8.13

（4）因物体"外景"在建筑物前，为了使目标平行光能够直接照射到室内，产生正确的光照效果，应对目标平行光进行设置，使其排除对物体"外景"的影响。在目标平行光的"常规参数"卷展栏中，单击 排除… 按钮，在弹出的"排除/包含"对话框中进行参数设置，如图 8.14 所示。对摄影机视图进行渲染，此时效果如图 8.15 所示。

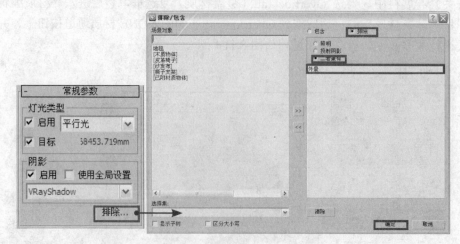

图 8.14

图 8.15

（5）下面开始天光的创建。单击 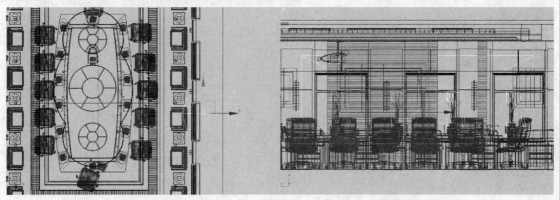（创建）按钮进入"创建"命令面板，单击 （灯光）按钮，在下拉列表中选择 VRay 选项，然后在"对象类型"卷展栏中单击 VRayLight 按钮，在窗口处创建一盏 VRayLight，位置如图 8.16 所示。

图 8.16

（6）灯光参数设置如图 8.17 所示。

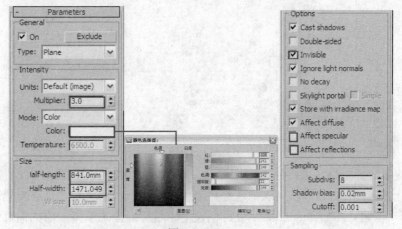

图 8.17

（7）在视图中，选中刚刚创建的用来模拟天光的 VRayLight 面光源，关联复制出 5 盏并调整灯光位置，如图 8.18 所示。

（8）对摄影机视图进行渲染，效果如图 8.19 所示。

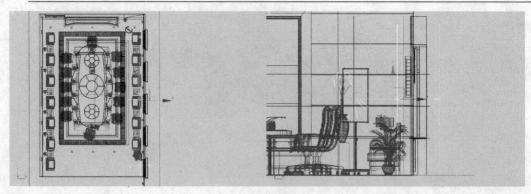

图 8.18

（9）从渲染效果可以发现由于天光的照射场景曝光严重，下面通过调整场景曝光参数来降低亮度。按 F10 键打开"渲染设置"对话框，进入 V-Ray 选项卡，在 V-Ray::Color mapping（色彩映射）卷展栏中进行曝光控制，参数设置如图 8.20 所示。再次渲染效果如图 8.21 所示。

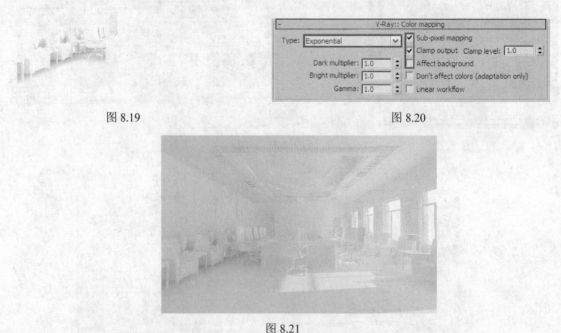

图 8.19　　　　　　　　　　　　　　　　　　图 8.20

图 8.21

（10）下面开始设置顶棚处的筒灯灯光。单击 按钮进入"创建"命令面板，单击 按钮，在下拉列表中选择"光度学"选项，然后在"对象类型"卷展栏中单击 目标灯光 按钮，在如图 8.22 所示位置创建一个目标灯光来模拟室内的筒灯灯光。

（11）进入"修改"命令面板对创建的目标点光源参数进行设置，如图 8.23 所示。光域网文件为本书配套素材提供的"第 8 章\贴图\1 牛眼灯.IES"文件。

（12）在视图中，选中刚刚创建的顶部筒灯灯光，关联复制出 8 盏，并调整灯光位置，如图 8.24 所示。

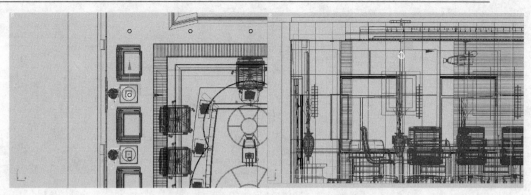

图 8.22

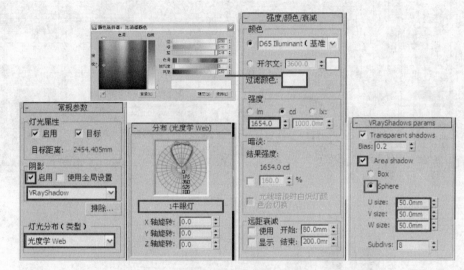

图 8.23

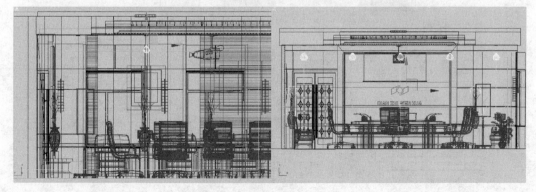

图 8.24

（13）对摄影机视图进行渲染，效果如图 8.25 所示。

（14）下面为场景创建台灯灯光。在台灯位置处创建一盏自由灯光，灯光位置如图 8.26 所示。

（15）灯光参数设置如图 8.27 所示。光域网文件为本书配套素材提供的"第 8 章\贴图\壁灯 0001.IES"文件。

图 8.25

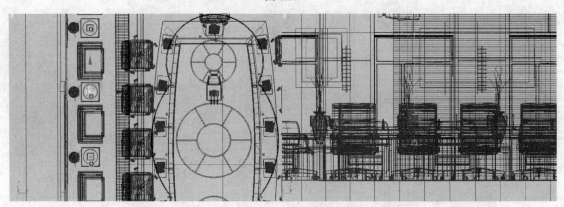

图 8.26

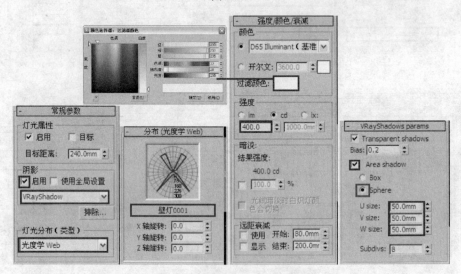

图 8.27

（16）在视图中，选中刚刚创建的自由灯光，关联复制出 10 盏并调整灯光位置，如图 8.28 所示。

（17）对摄影机视图进行渲染，效果如图 8.29 所示。

（18）下面为场景创建顶棚处的暗藏灯光。在顶棚处创建一盏 VRayLight 面光源，灯光位置如图 8.30 所示。

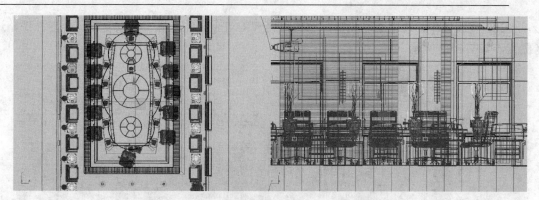

图 8.28

图 8.29

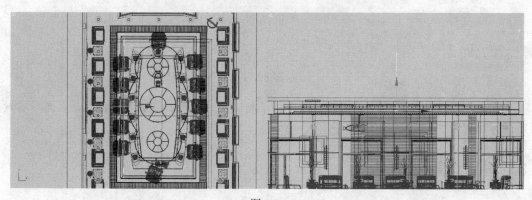

图 8.30

（19）灯光参数设置如图 8.31 所示。

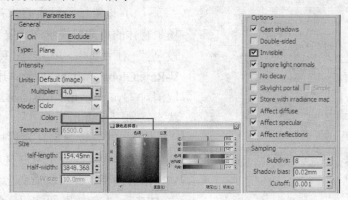

图 8.31

（20）在视图中，选中刚刚创建的暗藏灯光 VRayLight 面光源，关联复制出 3 盏并调整灯光位置，如图 8.32 所示。

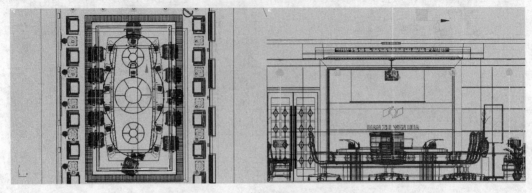

图 8.32

（21）对摄影机视图进行渲染，效果如图 8.33 所示。

图 8.33

上面分别对室外的天光和室内的光源进行了测试，最终测试结果比较满意，下面对场景的材质进行设置。

8.3 设置场景材质

会议室的材质是比较丰富的，主要集中在木质、布艺等材质设置上，如何很好地表现这些材质的效果是重点与难点。

（1）设置场景材质前，首先要取消前面对场景物体的材质替换状态。按 F10 键打开"渲染设置"对话框，单击 V-Ray 选项卡，在 V-Ray::Global switches（全局开关）卷展栏中，取消对 Override mtl（覆盖材质）复选框的勾选状态，如图 8.34 所示。

（2）首先设置家具木材质。在"材质编辑器"对话框中选择一个空白材质球，将其设置为 VRayMtl 材质，并将材质命名为"家具木"，单击 Diffuse 右侧的贴图按钮，为其添加一个"位

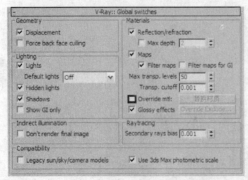

图 8.34

图"贴图，具体参数设置如图 8.35 所示。贴图文件为本书配套素材提供的"第 8 章\贴图\樱桃木 3.JPG"文件。

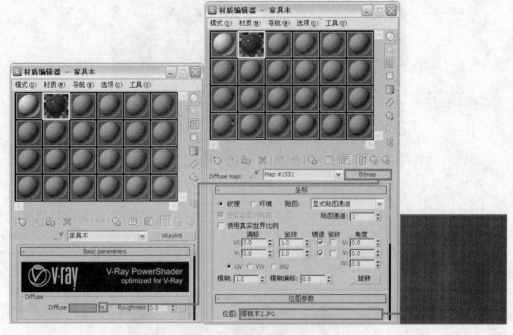

图 8.35

（3）返回 VRayMtl 材质层级，单击 Reflect 右侧的贴图按钮，为其添加一个"衰减"程序贴图，具体参数设置如图 8.36 所示。

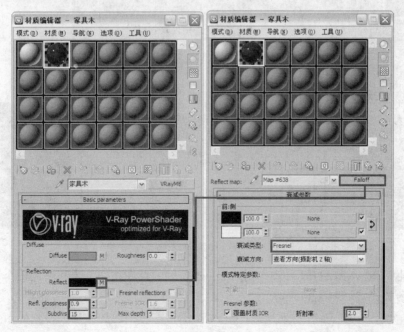

图 8.36

（4）将材质指定给物体"木质物体"，对摄影机视图进行渲染，局部效果如图 8.37 所示。

图 8.37

（5）接下来设置椅子皮革材质。在"材质编辑器"对话框中选择一个空白材质球，将其设置为 VRayMtl 材质，并将材质命名为"椅子皮革"，单击 Diffuse 右侧的贴图按钮，为其添加一个"位图"贴图，具体参数设置如图 8.38 所示。贴图文件为本书配套素材提供的"第 8 章\贴图\皮革 013.jpg"文件。

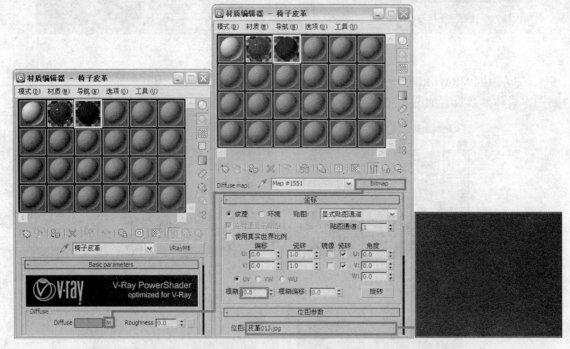

图 8.38

（6）返回 VRayMtl 材质层级，单击 Reflect 右侧的贴图按钮，为其添加一个"衰减"程序贴图，具体参数设置如图 8.39 所示。

（7）再次返回 VRayMtl 材质层级，进入 BRDF 卷展栏，具体参数设置如图 8.40 所示。

（8）在 VRayMtl 材质层级，进入 Maps 卷展栏，把 Diffuse 右侧的贴图通道按钮拖到 Bump 右侧的贴图通道按钮上进行关联复制操作，具体参数设置如图 8.41 所示。

（9）将材质指定给物体"皮革椅子"，对摄影机视图进行渲染，局部效果如图 8.42 所示。

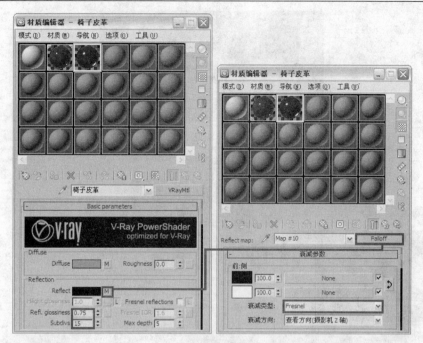

图 8.39

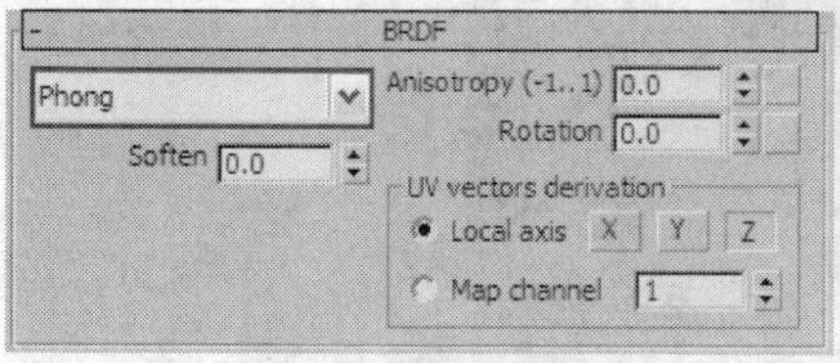

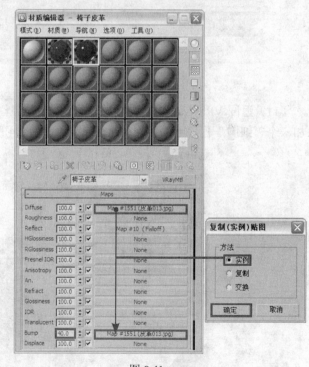

图 8.40

图 8.41

提示： 场景中部分物体材质已经事先设置好，这里仅对场景中的主要材质进行讲解。

（10）下面设置地毯材质。选择一个空白材质球，将其设置为 VRayMtl 材质，并将材质球命名为"地毯"，单击 Diffuse 右侧的贴图按钮，为其添加一个"位图"贴图，具体参数设置如图 8.43 所示。贴图文件为本书配套素材提供的"第 8 章\贴图\DTYEl010 副本.jpg"文件。

图 8.42

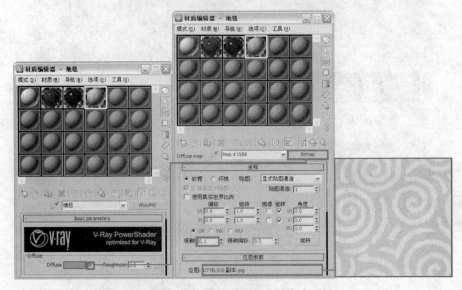

图 8.43

（11）返回 VRayMtl 材质层级，进入 Maps 卷展栏，单击 Bump 右侧的贴图通道按钮为其添加一个"细胞"程序贴图，具体参数设置如图 8.44 所示。

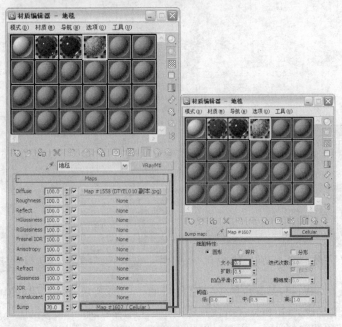

图 8.44

（12）在 VRayMtl 材质层级，进入 Maps 卷展栏，单击 Displace 右侧的贴图通道按钮为其添加一个"位图"贴图，具体参数设置如图 8.45 所示。贴图文件为本书配套素材提供的"第 8 章\贴图\l10.jpg"文件。

图 8.45

（13）将材质指定给物体"地毯"，对摄影机视图进行渲染，局部效果如图 8.46 所示。

图 8.46

（14）下面设置椅子金属材质。选择一个空白材质球，将其设置为 VRayMtl 材质，并将材质球命名为"椅子金属"，单击 Diffuse 右侧的颜色按钮，具体参数设置如图 8.47 所示。

（15）将材质指定给物体"椅子支架"，对摄影机视图进行渲染，局部效果如图 8.48 所示。

（16）下面制作沙发布材质。选择一个空白材质球，将其设置为 VRayMtl 材质，并将材质命名为"沙发布"，单击 Diffuse 右侧的贴图按钮，为其添加一个"衰减"程序贴图，具体参数设置如图 8.49 所示。

（17）在"衰减"贴图层级，单击第一个贴图通道按钮为其添加一个"位图"贴图，具体参数设置如图 8.50 所示。贴图文件为本书配套素材提供的"第 8 章\贴图\D-075.jpg"文件。

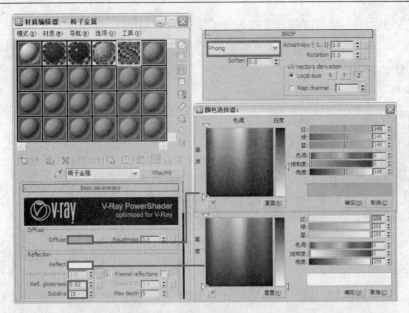

图 8.47

图 8.48

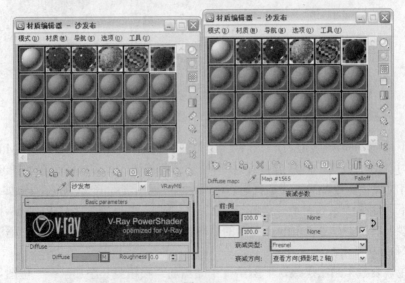

图 8.49

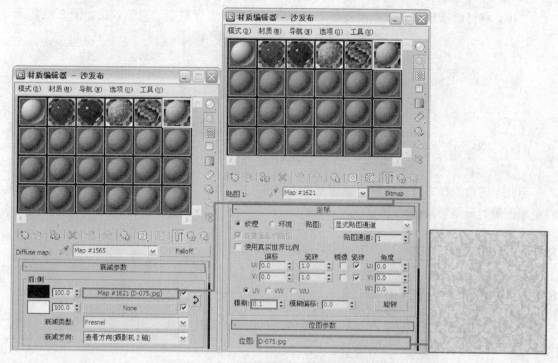

图 8.50

（18）返回 VRayMtl 材质层级，进入 Maps 卷展栏，为 Bump 右侧的贴图通道上添加一个"位图"贴图，具体参数设置如图 8.51 所示。贴图文件为本书配套素材提供的"第 8 章\贴图\zhang075.jpg"文件。

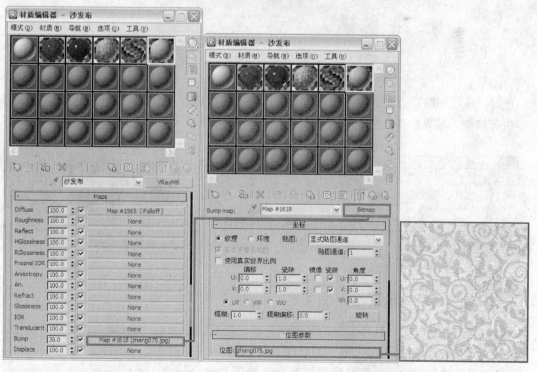

图 8.51

（19）将材质指定给物体"沙发布"，对摄影机视图进行渲染，局部效果如图 8.52 所示。

图 8.52

至此，场景的灯光测试和材质设置都已经完成，下面将对场景进行最终渲染设置，这一步将决定图像的最终渲染品质。

8.4 最终渲染设置

8.4.1 最终测试灯光效果

场景中材质设置完毕后需要对场景进行渲染，观察此时的效果。对摄像机视图进行渲染，如图 8.53 所示。

图 8.53

此时，场景光线有点暗，对曝光参数卷展栏进行参数设置，如图 8.54 所示。再次对摄像机视图进行渲染，效果如图 8.55 所示。场景光线不需要再调整，接下来设置最终渲染参数。

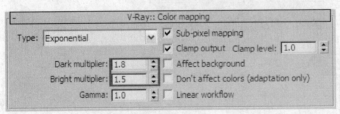

图 8.54

图 8.55

8.4.2 灯光细分参数设置

（1）将模拟日光的目标平行光的阴影细分值设置为 24，如图 8.56 所示。
（2）将窗口处模拟天光的 VRayLight 的灯光细分值设置为 20，如图 8.57 所示。
（3）将室内筒灯的阴影细分值设置为 15，如图 8.58 所示。

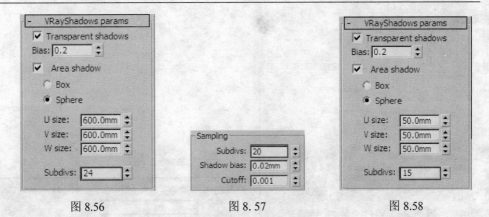

图 8.56　　　　　　　　图 8.57　　　　　　　　图 8.58

8.4.3　设置保存发光贴图和灯光贴图的渲染参数

在第 2 章中已经讲解过保存发光贴图和灯光贴图的方法，这里不再重复，只对渲染级别设置进行讲解。

（1）单击 Indirect illumination（间接照明）选项卡，在 V-Ray::Irradiance map（发光贴图）卷展栏中进行参数设置，如图 8.59 所示。

（2）在 V-Ray::Light cache（灯光缓存）卷展栏中进行参数设置，如图 8.60 所示。

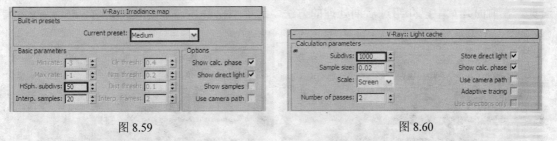

图 8.59　　　　　　　　　　　　　　　　图 8.60

（3）单击 Settings（设置）选项卡，在 V-Ray::DMC Sample（准蒙特卡罗采样器）卷展栏中设置参数，如图 8.61 所示。

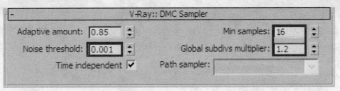

图 8.61

渲染级别设置完毕，保存发光贴图和灯光贴图的参数并进行渲染即可。

8.4.4　最终成品渲染

最终成品渲染的参数设置如下。

（1）首先设置出图尺寸。当发光贴图和灯光贴图计算完毕后，在"渲染设置"对话框的"公用"选项卡中设置最终渲染图像的输出尺寸，如图 8.62 所示。

（2）单击 V-Ray 选项卡，在 V-Ray::Image sampler(Antialiasing)（抗锯齿采样）卷展栏中设置抗锯齿和过滤器，如图 8.63 所示。

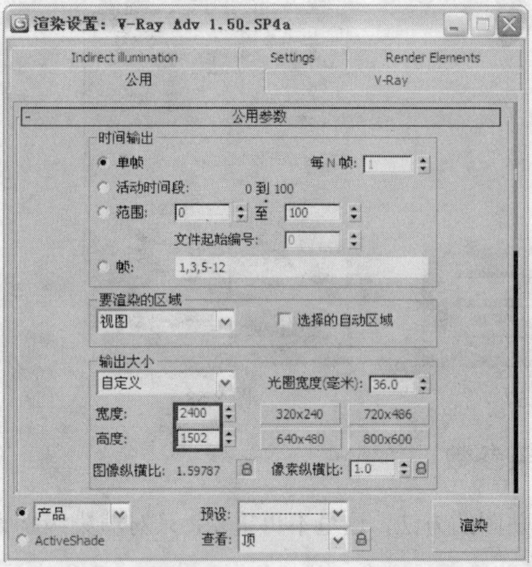

图 8.62

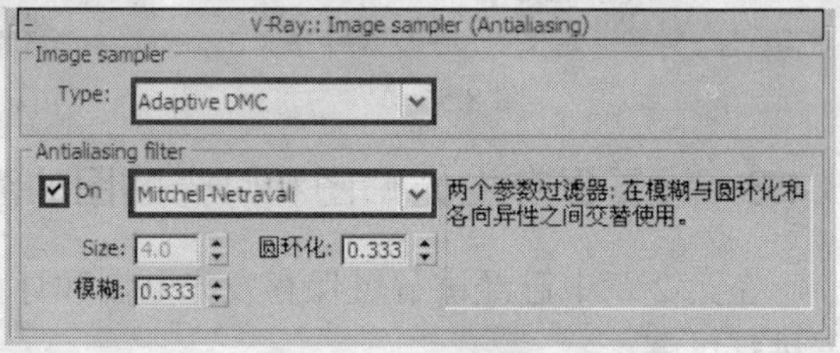

图 8.63

（3）设置完成的渲染效果如图 8.64 所示。

最后使用 Photoshop 软件对图像的亮度、对比度以及饱和度进行调整，使效果更加生动、逼真。在前面几章中已介绍过后期处理的方法，这里不再赘述，最终效果如图 8.65 所示。

图 8.64

图 8.65

第9章 酒店大堂

9.1 酒店大堂空间简介

本章案例是一个现代风格的大堂空间，宽阔的空间中，白色和黄色搭配和谐，硬朗的直线条既简洁又体现出现代风格的特质。

本场景采用了天光的表现手法，案例效果如图 9.1 所示。

如图 9.2 所示为酒店大堂模型的线框效果图。

图 9.1   图 9.2

如图 9.3 所示为酒店大堂模型的另外一个摄影机角度。

图 9.3

下面首先进行测试渲染参数设置，然后进行灯光设置。

9.2 测试渲染设置

打开本书配套素材提供的"第 9 章\酒店大堂源文件.Max"场景文件，如图 9.4 所示，可以看到这是一个已经创建好的大堂场景模型，并且场景中摄影机已经创建好。

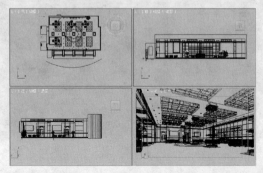

图 9.4

下面首先进行测试渲染参数设置，然后进行灯光设置。灯光布置主要包括天光和室内光源的建立。

9.2.1 设置测试渲染参数

测试渲染参数的设置步骤如下。

（1）按 F9 键打开"渲染设置"对话框，渲染器已经设置为 V-Ray Adv 1.50.SP4 渲染器，在"公用参数"卷展栏中设置较小的图像尺寸，如图 9.5 所示。

（2）进入 V-Ray 选项卡，在 V-Ray::Global switches（全局开关）卷展栏中进行参数设置，如图 9.6 所示。

图 9.5

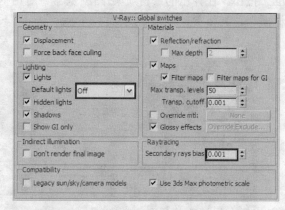

图 9.6

（3）V-Ray::Image sampler（Antialiasing）（抗锯齿采样）卷展栏参数设置如图 9.7 所示。

（4）进入 Indirect illumination（间接照明）选项卡，在 V-Ray::Indirect illumination（GI）（间接照明）卷展栏中设置参数，如图 9.8 所示。

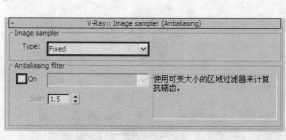

图 9.7

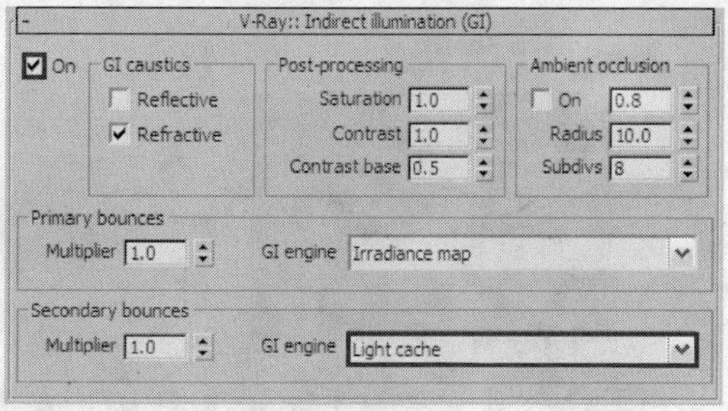

图 9.8

（5）在 V-Ray::Irradiance map（发光贴图）卷展栏中设置参数，如图 9.9 所示。

（6）在 V-Ray::Light cache（灯光缓存）卷展栏中设置参数，如图 9.10 所示。

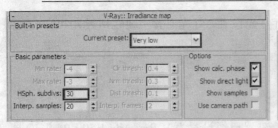
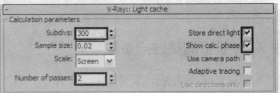

图 9.9   图 9.10

9.2.2 布置场景灯光

本场景光线来源主要为天光和室内光源，在为场景创建灯光前，首先用一种白色材质覆盖场景中的所有物体，这样便于观察灯光对场景的影响。

（1）按 M 键打开"材质编辑器"对话框，选择一个空白材质球，单击 **Standard**（标准）按钮，在弹出的"材质/贴图浏览器"对话框中选择 VRayMtl 材质，将材质命名为"替换材质"，具体参数设置如图 9.11 所示。

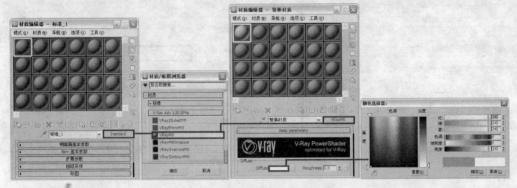

图 9.11

（2）按 F9 键打开"渲染设置"对话框，进入 V-Ray 选项卡，在 V-Ray::Global switches（全局开关）卷展栏中，勾选 Override mtl（覆盖材质）选项前的复选框，然后进入"材质编辑器"对话框中，将"替换材质"的材质球拖到 Override mtl 右侧的 NONE 材质通道按钮上，并以"实例"方式进行关联复制，具体参数设置如图 9.12 所示。

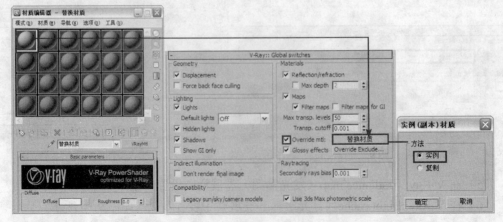

图 9.12

（3）首先为场景创建天光。单击 ✳（创建）按钮进入"创建"命令面板，再单击 （灯光）按钮，在下拉列表中选择 VRay 选项，然后在"对象类型"卷展栏中单击 VRayLight 按钮，在场景中创建一盏 VRayLight，灯光位置如图 9.13 所示。

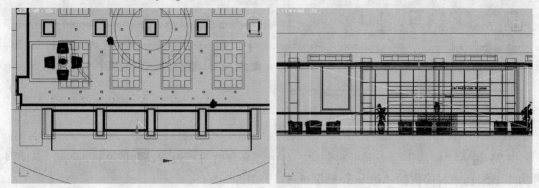

图 9.13

（4）灯光参数设置如图 9.14 所示。

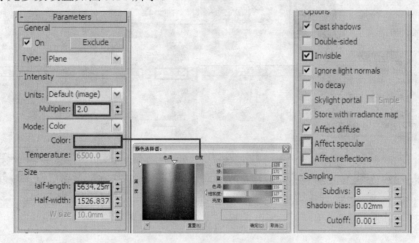

图 9.14

（5）对摄像机视图进行渲染，此时灯光效果如图 9.15 所示。

图 9.15

（6）下面创建顶棚处的筒灯灯光。单击 ✳（创建）按钮进入"创建"命令面板，单击 （灯光）按钮，在下拉列表中选择"光度学"选项，然后在"对象类型"卷展栏中单击 自由灯光 按钮，在如图 9.16 所示位置创建一盏自由灯光来模拟室内的筒灯灯光。

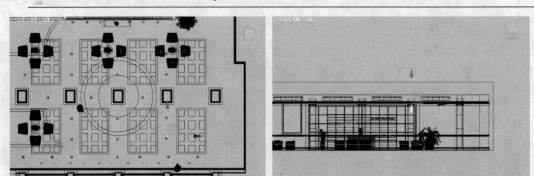

图 9.16

（7）进入"修改"命令面板对创建的自由灯光参数进行设置，如图 9.17 所示。光域网文件为本书配套素材提供的"第 9 章\贴图\555119_.IES"文件。

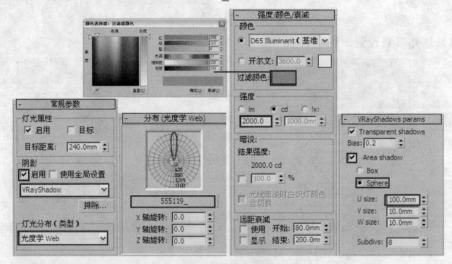

图 9.17

（8）在视图中，将刚刚创建的用来模拟筒灯灯光的自由灯光关联复制出 14 盏，各个灯光位置如图 9.18 所示。对摄像机视图进行渲染，此时灯光效果如图 9.19 所示。

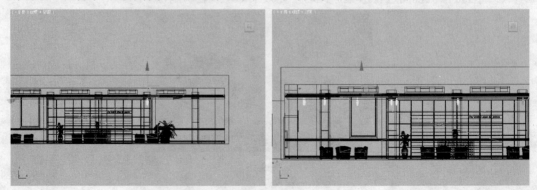

图 9.18

（9）下面继续创建顶棚处的筒灯灯光。在如图 9.20 所示位置创建一盏自由灯光来模拟室内的筒灯灯光。

图 9.19

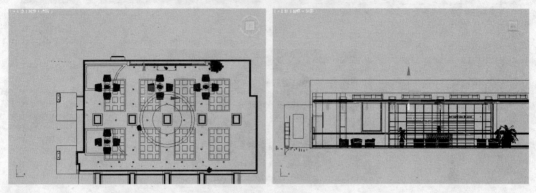

图 9.20

（10）进入"修改"命令面板对创建的自由灯光参数进行设置，如图 9.21 所示。光域网文件为本书配套素材提供的"第 9 章\贴图\555119_.IES"文件。

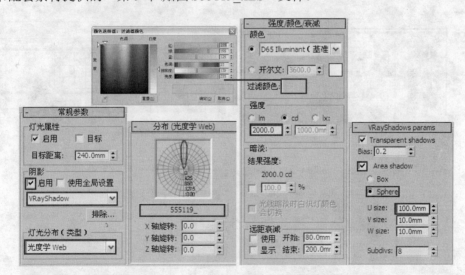

图 9.21

（11）在视图中，将刚刚创建的用来模拟筒灯灯光的自由灯光关联复制出 5 盏，各个灯光位置如图 9.22 所示。对摄像机视图进行渲染，此时灯光效果如图 9.23 所示。

（12）下面继续创建顶棚处的筒灯灯光。在如图 9.24 所示位置创建一盏自由灯光来模拟室内的筒灯灯光。

（13）进入"修改"命令面板对创建的自由灯光参数进行设置，如图 9.25 所示。光域网文件为本书配套素材提供的"第 9 章\贴图\555119_.IES"文件。

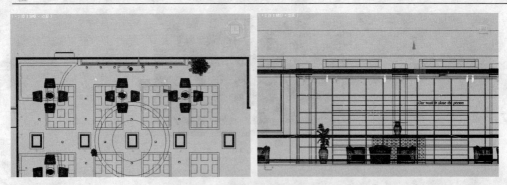

图 9.22

图 9.23

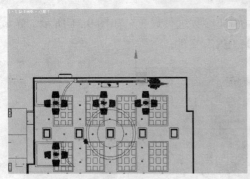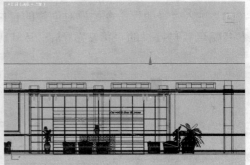

图 9.24

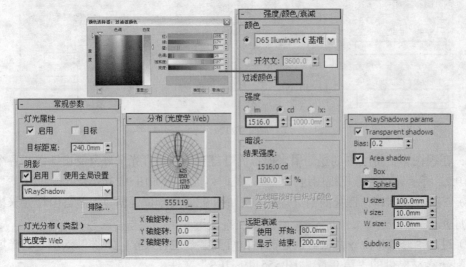

图 9.25

（14）在视图中，将刚刚创建的用来模拟筒灯灯光的自由灯光关联复制出 7 盏，各个灯光位置如图 9.26 所示。对摄像机视图进行渲染，此时灯光效果如图 9.27 所示。

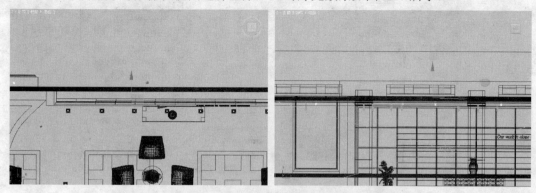

图 9.26

图 9.27

（15）下面为场景创建暗藏灯光。在柜子处创建一盏 VRayLight 灯光，灯光位置如图 9.28 所示。

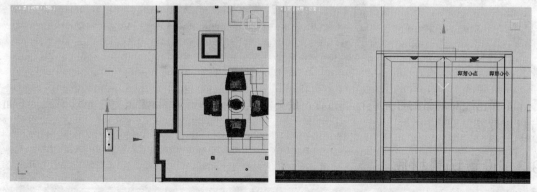

图 9.28

（16）灯光参数设置如图 9.29 所示。

（17）在视图中选中刚刚创建的暗藏灯光 VRayLight，关联复制出 9 盏，灯光位置如图 9.30 所示。

（18）对摄像机视图进行渲染，此时灯光效果如图 9.31 所示。

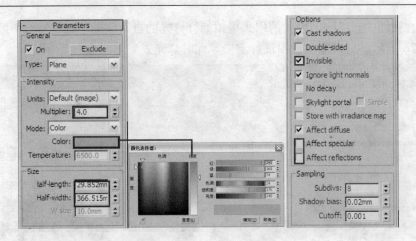

图 9.29

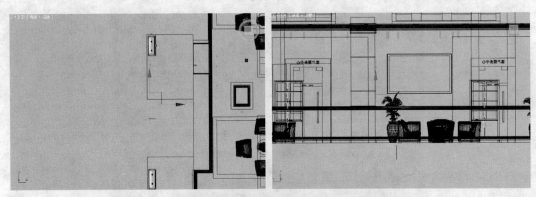

图 9.30

图 9.31

上面已经对场景的灯光进行了布置，最终测试结果比较满意，测试完灯光效果后，下面进行材质设置。

9.3 设置场景材质

酒店大堂场景的材质是比较丰富的，主要集中在木质、布料及瓷器等材质设置上，如何很好地表现这些材质的效果是表现的重点与难点。

（1）在设置场景材质前，首先要取消前面对场景物体的材质替换状态。按 F9 键打开 "渲染设置" 对话框，在 V-Ray::Global switches（全局开关）卷展栏中，取消 Override mtl 选项前的复选框的勾选状态，如图 9.32 所示。

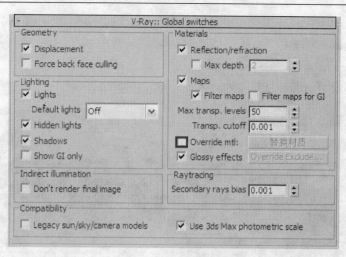

图 9.32

（2）首先设置地面砖材质。按 M 键打开"材质编辑器"对话框，选中一个空白的材质球，将其设置为 VRayMtl 材质，并将其命名为"地面砖"，单击 Diffuse 右侧的贴图按钮，为其添加一个"位图"贴图，参数设置如图 9.33 所示。贴图文件为本书配套素材提供的"第 9 章\贴图\LFP0813M.jpg"文件。

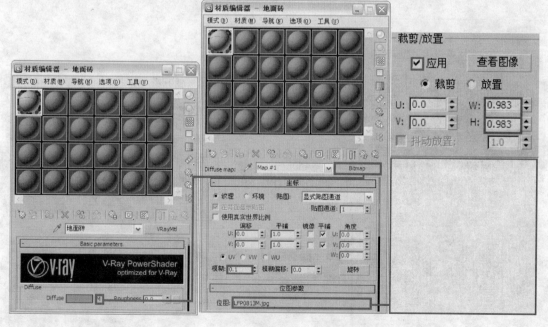

图 9.33

（3）返回 VRayMtl 材质层级，单击 Reflect 右侧的贴图通道按钮，为其添加一个"衰减"程序贴图，具体参数设置如图 9.34 所示。

（4）返回 VRayMtl 材质层级，进入 Maps 卷展栏，把 Diffuse 右侧的贴图通道按钮拖到 Bump 右侧的贴图通道按钮上进行非关联复制，具体参数设置如图 9.35 所示。

（5）将设置好的地板材质指定给物体"地面"，然后对摄像机视图进行渲染，局部效果如图 9.36 所示。

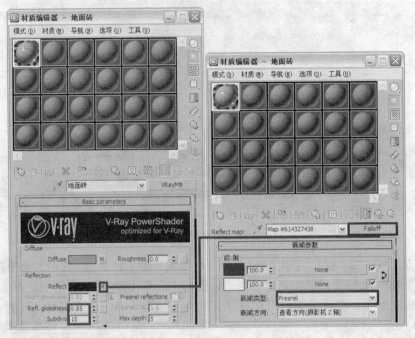

图 9.34

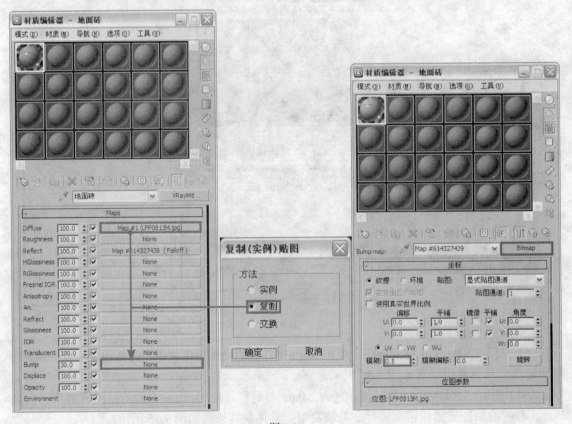

图 9.35

图 9.36

提示： 场景中部分物体材质已经事先设置好，这里仅对场景中的主要材质进行讲解。

（6）下面设置红色大理石材质。按 M 键打开"材质编辑器"对话框，选中一个空白的材质球，将其设置为 VRayMtl 材质，并将其命名为"红色大理石"，单击 Diffuse 右侧的贴图按钮，为其添加一个"位图"贴图，参数设置如图 9.37 所示。贴图文件为本书配套素材提供的"第 9 章\贴图\2005513161256404.jpg"文件。

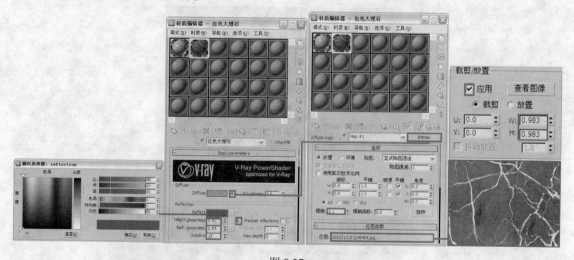

图 9.37

（7）返回 VRayMtl 材质层级，进入 Maps 卷展栏，把 Diffuse 右侧的贴图通道按钮拖到 Bump 右侧的贴图通道按钮上进行非关联复制，具体参数设置如图 9.38 所示。

（8）将材质指定给物体"柱墩"，对摄影机视图进行渲染，局部效果如图 9.39 所示。

（9）下面设置木纹材质。选择一个空白材质球，将材质设置为 VRayMtl 材质，并将其命名为"木纹"，单击 Diffuse 右侧的贴图按钮，为其添加一个"位图"贴图，参数设置如图 9.40 所示。贴图文件为本书配套素材提供的"第 9 章\贴图\996016-a-b-005_2-embed.jpg"文件。

（10）返回 VRayMtl 材质层级，进入 Maps 卷展栏，把 Diffuse 右侧的贴图通道按钮拖到 Bump 右侧的贴图通道按钮上进行非关联复制，具体参数设置如图 9.41 所示。

<230>

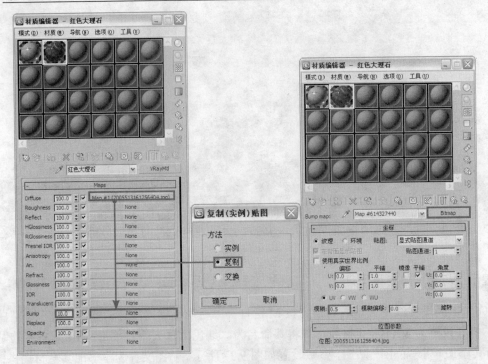

图 9.38

图 9.39

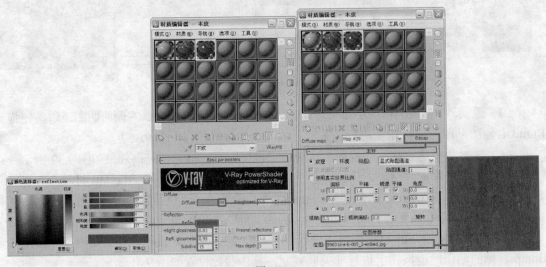

图 9.40

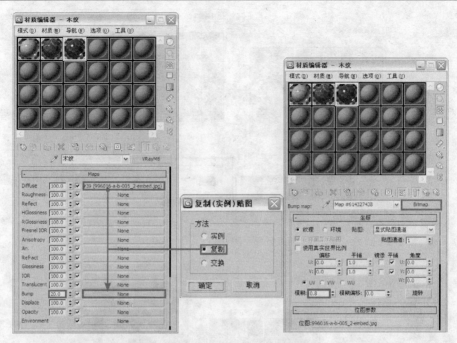

图 9.41

（11）将制作好的沙发布材质指定给物体"木质背景墙"，对摄像机视图进行渲染，局部效果如图 9.42 所示。

图 9.42

（12）下面设置沙发布材质。选择一个空白材质球，将其设置为 VRayMtl 材质，并将材质球命名为"沙发布"，单击"漫反射"右侧的贴图通道按钮，为其添加一个"衰减"程序贴图，参数设置如图 9.43 所示。

（13）在"衰减"贴图层级，为第一个贴图通道按钮添加一个"位图"贴图，参数设置如图 9.44 所示。贴图文件为本书配套素材提供的"第 9 章\贴图\archinteriors_vol6_002_fabric_01.jpg"文件。

（14）返回 VRayMtl 材质层级，进入 Maps 卷展栏，为 Bump 右侧的贴图通道按钮添加一个"位图"贴图，参数设置如图 9.45 所示。贴图文件为本书配套素材提供的"第 9 章\贴图\archinteriors_vol6_002_fabric_01_bump.jpg"文件。

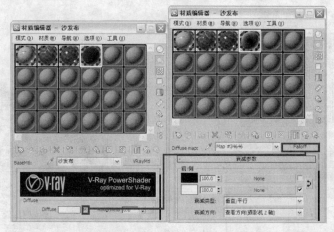

图 9.43

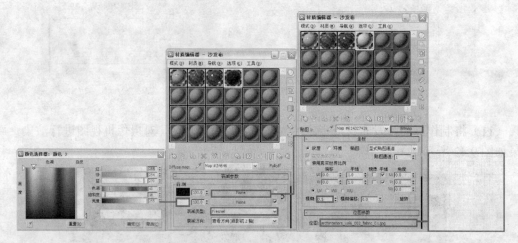

图 9.44

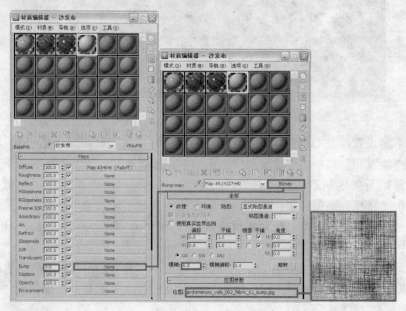

图 9.45

（15）由于"沙发布"材质面积较大且饱和度较高，容易造成色溢现象，所以为其添加一个 VRayMtlWrapper（VRay 材质包裹）材质，参数设置如图 9.46 所示。

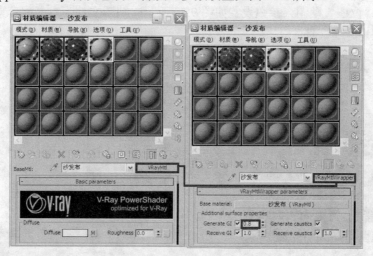

图 9.46

（16）将材质指定给物体"沙发"，对摄影机视图进行渲染，局部效果如图 9.47 所示。

（17）下面设置白色乳胶漆材质。按 M 键打开"材质编辑器"对话框，选中一个空白的材质球，将其设置为 VRayMtl 材质，并将其命名为"白色乳胶漆"，单击 Diffuse 右侧的颜色块，参数设置如图 9.48 所示。

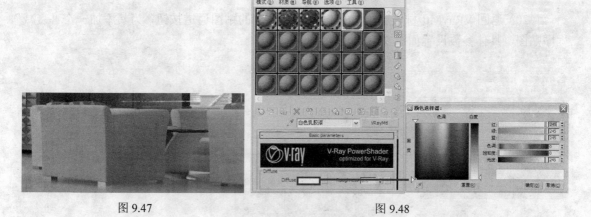

图 9.47   图 9.48

（18）将材质指定给物体"顶棚"，对摄像机视图进行渲染，局部效果如图 9.49 所示。

图 9.49

（19）下面设置白瓷花瓶材质。按 M 键打开"材质编辑器"对话框，选中一个空白的材质球，将其设置为 VRayMtl 材质，并将其命名为"白瓷花瓶"，单击 Diffuse 右侧的贴图按钮，为其添加一个"位图"贴图，参数设置如图 9.50 所示。贴图文件为本书配套素材提供的"第 9 章\贴图\花瓶 01.jpg"文件。

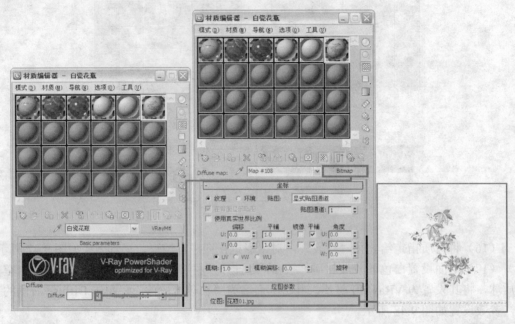

图 9.50

（20）返回 VRayMtl 材质层级，单击 Reflect 右侧的贴图通道按钮，为其添加一个"衰减"程序贴图，具体参数设置如图 9.51 所示。

图 9.51

（21）将材质指定给物体"白瓷花瓶"，对摄像机视图进行渲染，局部效果如图 9.52 所示。

图 9.52

（22）下面设置地面拼花材质。按 M 键打开"材质编辑器"对话框，选中一个空白的材质球，将其设置为 VRayMtl 材质，并将其命名为"地面拼花"，单击 Diffuse 右侧的贴图按钮，为其添加一个"位图"贴图，参数设置如图 9.53 所示。贴图文件为本书配套素材提供的"第 9 章\贴图\2-杭非.jpg"文件。

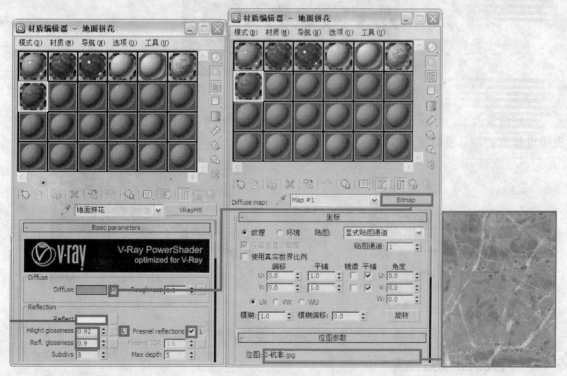

图 9.53

（23）将材质指定给物体"地面拼花"，对摄影机视图进行渲染，局部效果如图 9.54 所示。

至此，场景的灯光测试和材质设置都已经完成，下面将对场景进行最终渲染设置。最终渲染设置将决定图像的最终渲染品质。

图 9.54

9.4 最终渲染设置

9.4.1 最终测试灯光效果

场景中材质设置完毕后需要对场景进行渲染，观察此时场景整体的灯光效果。对摄像机视图进行渲染，效果如图 9.55 所示。

图 9.55

观察渲染效果，场景光线稍微有点暗，调整一下曝光参数，如图 9.56 所示。再次对摄像机视图进行渲染，效果如图 9.57 所示。

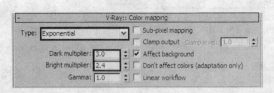

图 9.56

图 9.57

观察渲染效果，场景光线不需要再调整，接下来设置最终渲染参数。

9.4.2 灯光细分参数设置

提高灯光细分值可以有效地减少场景中的杂点，但渲染速度也会相对降低，所以只需要提高一些开启阴影设置的主要灯光的细分值，而且不能设置得过高。下面对场景中的主要灯光进行细分设置。

（1）将模拟天光的 **VRayLight** 的灯光细分值设置为 32，如图 9.58 所示。

（2）将模拟筒灯灯光的自由灯光的阴影细分值设置为 24，如图 9.59 所示。

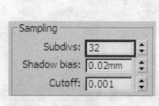

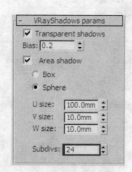

图 9.58 　　　　　　　　　　　　　　图 9.59

9.4.3 　设置保存发光贴图和灯光贴图的渲染参数

在第 2 章中已经讲解过保存发光贴图和灯光贴图的方法，这里不再重复，只对渲染级别设置进行讲解。

（1）单击 Indirect illumination（间接照明）选项卡，在 V-Ray::Irradiance map（发光贴图）卷展栏中进行参数设置，如图 9.60 所示。

（2）在 V-Ray::Light cache（灯光缓存）卷展栏中进行参数设置，如图 9.61 所示。

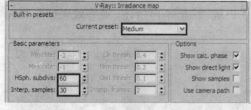

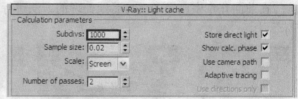

图 9.60 　　　　　　　　　　　　　　图 9.61

（3）单击 Settings（设置）选项卡，在 V-Ray::DMC Sample（准蒙特卡罗采样器）卷展栏中设置参数，如图 9.62 所示，这是模糊采样设置。

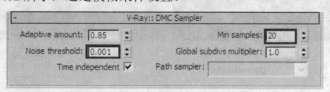

图 9.62

（4）渲染级别设置完毕，最后设置保存发光贴图和灯光贴图的参数并进行渲染即可。

9.4.4 　最终成品渲染

最终成品渲染的参数设置如下。

（1）当发光贴图和灯光贴图计算完毕后，在"渲染设置"对话框中的"公用"选项卡中设置最终渲染图像的输出尺寸，如图 9.63 所示。

（2）单击 V-Ray 选项卡，在 V-Ray::Image sampler(Antialiasing)（抗锯齿采样）卷展栏中设置抗锯齿和过滤器，如图 9.64 所示。

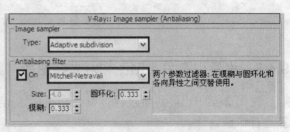

图 9.63　　　　　　　　　　　　　　　　　　图 9.64

3．最终渲染完成的效果如图 9.65 所示。

最后使用软件 Photoshop 对图像的亮度、对比度以及饱和度进行调整，使效果更加生动、逼真。在前面几章中已经多次对后期处理的方法进行了讲解，这里不再赘述。最终效果如图 9.66 所示。

图 9.65

图 9.66

第 10 章 小 区 外 观

10.1 小区外观空间简介

本章案例展示的是一个小区外观的效果。大多数小区在表现方面除了鸟瞰角度外，人视的角度也非常重要，本章采用的就是这样一个非常自然的人视角度。

在表现建筑外观时不能够将时间设定成为正午，正午的阳光不容易在建筑上产生丰富的光影变化，因此光线最好模拟为下午 15：00～17：00 左右的阳光，以在建筑物、地面上产生阴影，小区外观的效果如图 10.1 所示。

如图 10.2 所示为小区模型的线框效果图。

图 10.1   图 10.2

10.2 测试渲染设置

打开本书配套素材提供的"第 10 章\小区外观源文件.Max"场景文件，如图 10.3 所示，可以看到这是一个已经创建好模型的小区外观场景，并且场景中的摄影机也已经创建完成。

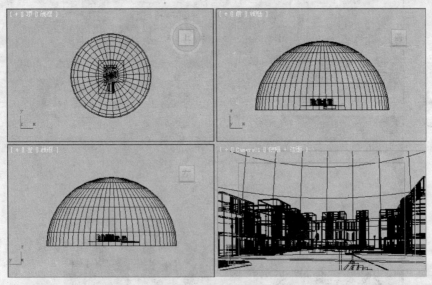

图 10.3

下面首先进行测试渲染参数设置，然后进行灯光设置。

10.2.1 设置测试渲染参数

测试渲染参数的设置步骤如下。

（1）按 F10 键打开"渲染设置"对话框，渲染器已经设置为 V-Ray Adv 1.50.SP4a 渲染器，单击"公用"选项卡，在"公用参数"卷展栏中设置较小的图像尺寸，如图 10.4 所示。

（2）单击 V-Ray 选项卡，在 V-Ray::Global switches（全局开关）卷展栏中进行参数设置，如图 10.5 所示。

图 10.4

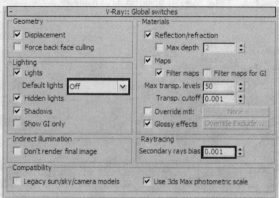

图 10.5

（3）在 V-Ray: :Image sampler（Antialiasing）（抗锯齿采样）卷展栏中进行参数设置，如图 10.6 所示。

（4）进入 Indirect illumination（间接照明）选项卡，在 V-Ray::Indirect illumination（GI）（间接照明）卷展栏中进行参数设置，如图 10.7 所示。

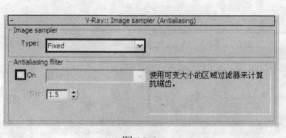

图 10.6

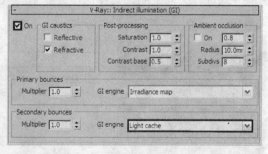

图 10.7

（5）在 V-Ray::Irradiance map（发光贴图）卷展栏中进行参数设置，如图 10.8 所示。

（6）在 V-Ray::Light cache（灯光缓存）卷展栏中进行参数设置，如图 10.9 所示。

10.2.2　布置场景灯光

下面开始为场景布置灯光。

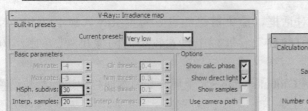

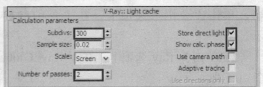

图 10.8　　　　　　　　　　　　　　　　图 10.9

（1）按 M 键打开"材质编辑器"对话框，选择一个空白材质球，单击 **Standard**（标准）按钮，在弹出的"材质/贴图浏览器"对话框中选择 VRayMtl 材质，将材质命名为"替换材质"，具体参数设置如图 10.10 所示。

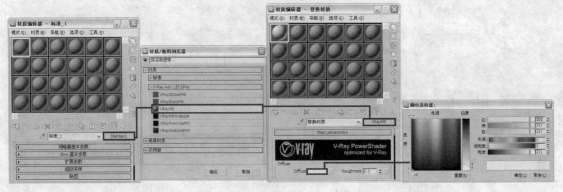

图 10.10

（2）按 F10 键打开"渲染设置"对话框，单击 V-Ray 选项卡，在 V-Ray::Global switches（全局开关）卷展栏中，勾选 Override mtl（覆盖材质）复选框，然后进入"材质编辑器"对话框中，将"替换材质"的材质球拖到 Override mtl 右侧的 NONE 材质通道按钮上，并以"实例"方式进行关联复制，具体操作过程如图 10.11 所示。

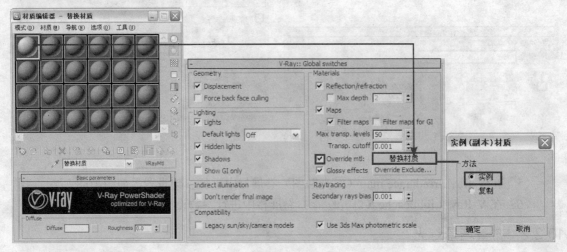

图 10.11

（3）由于场景是室外，而且渲染器又选择了 VRay，所以灯光布置会相对简单一些，在此场景中只用布置一盏"目标平行光"来模拟日光。单击 ✳ （创建）按钮进入"创建"命令面板，再单击 （灯光）按钮，在下拉列表中选择"标准"选项，然后在"对象类型"卷展栏中单击按钮 **目标平行光**，创建一个目标平行光，如图 10.12 所示。参数设置如图 10.13 所示。

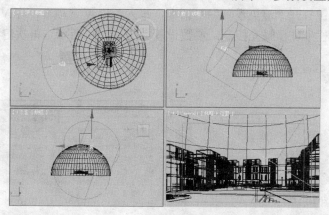

图 10.12

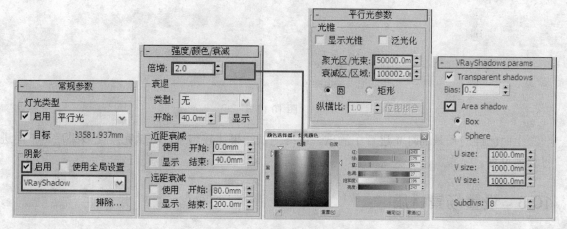

图 10.13

（4）在目标平行光的"常规参数"卷展栏中单击 **排除...** 按钮，在弹出的"排除/包含"对话框中将物体"半球环境"排除，这样平行光才能正常照亮场景，参数设置如图 10.14 所示。

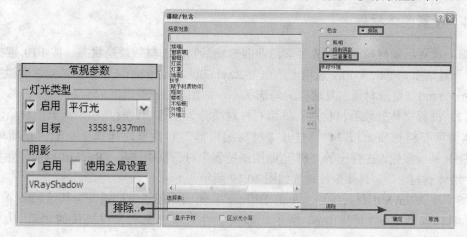

图 10.14

（5）对摄影机视图进行测试渲染，效果如图 10.15 所示。

（6）从渲染效果可以发现由于天光的照射场景曝光严重，下面通过调整场景曝光参数来降低亮度。按 F10 键打开"渲染设置"对话框，进入 V-Ray 选项卡，在 V-Ray::Color mapping（色彩映射）卷展栏中进行曝光控制，参数设置如图 10.16 所示。再次渲染，效果如图 10.17 所示。

图 10.15

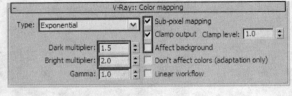

图 10.16

图 10.17

上面已经对场景的灯光进行了测试，最终测试结果比较满意，测试完灯光效果后，下面进行材质设置。

10.3 设置场景材质

室外建筑的材质相对于室内场景的材质要简单一些，通常只要将大面积的材质质感表现出来即可。室外材质的设置通常也是按照由主到次、由整体到局部的原则来进行。通常先设置建筑主体及地面的材质，再设置一些公共设施的材质。

10.3.1 设置主体材质

（1）设置场景材质前，首先要取消前面对场景物体的材质替换状态。按 F10 键打开"渲染设置"对话框，单击 V-Ray 选项卡，在 V-Ray::Global switches（全局开关）卷展栏中，取消对 Override mtl（覆盖材质）复选框的勾选状态，如图 10.18 所示。

（2）设置楼体外墙石材材质。外墙石材材质分为主体偏黄材质和局部黑色材质，首先设置主体偏黄石材材质。按 M 键打开"材质编辑器"对话框，选择一个空白材质球，单击 Standard 按钮，在弹出的"材质/贴图浏览器"对话框中选择 VRayMtl 材质，并将材质命名为"墙体石材 1"，具体参数设置如图 10.19 所示。

（3）在 VRayMtl 材质层级，单击 Diffuse 右侧的贴图通道按钮，为其添加一个"位图"贴图，具体参数设置如图 10.20 所示。贴图文件为本书配套素材提供的"第 10 章\贴图\TF2768.JPG"文件。

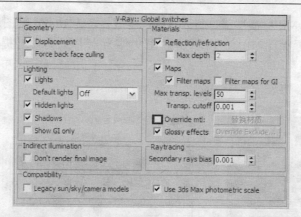

图 10.18

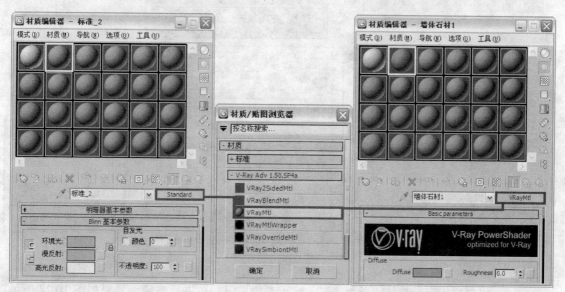

图 10.19

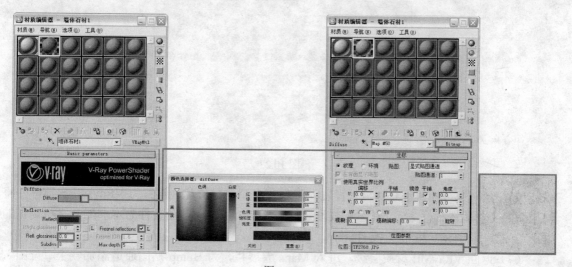

图 10.20

（4）返回 VRayMtl 材质层级，进入 Maps 卷展栏，为 Bump 贴图通道添加一个"位图"贴图，具体参数设置如图 10.21 所示。贴图文件为本书配套素材提供的"第 10 章\贴图\TF2768.JPG"文件。

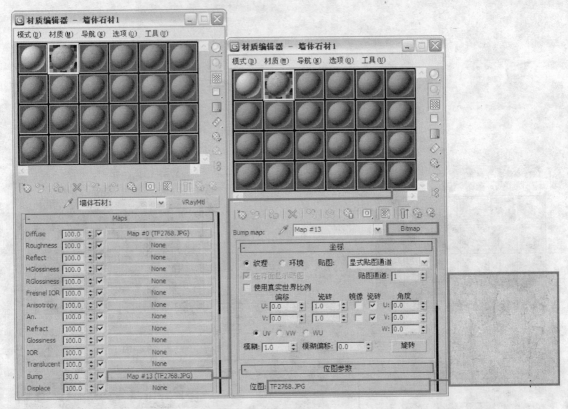

图 10.21

（5）将材质指定给物体"外墙 1"，然后对摄影机视图进行渲染，效果如图 10.22 所示。

图 10.22

（6）墙体部分的黑色石材材质设置。选择一个空白材质球，设置为 VRayMtl 材质，并将材质命名为"墙体石材 2"，具体参数设置如图 10.23 所示。贴图文件为本书配套素材提供的"第 10 章\贴图\TS-3-26.jpg"文件。

（7）返回 VRayMtl 材质层级，进入 Maps 卷展栏，为 Bump 贴图通道添加一个"位图"贴图，具体参数设置如图 10.24 所示。贴图文件为本书配套素材提供的"第 10 章\贴图\TS-3-26.jpg"文件。

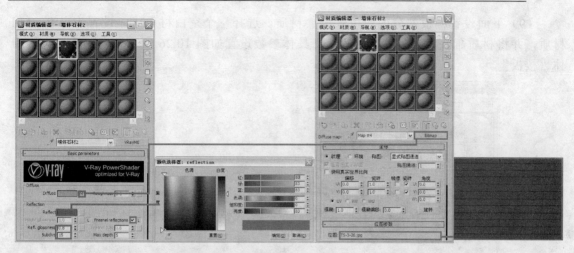

图 10.23

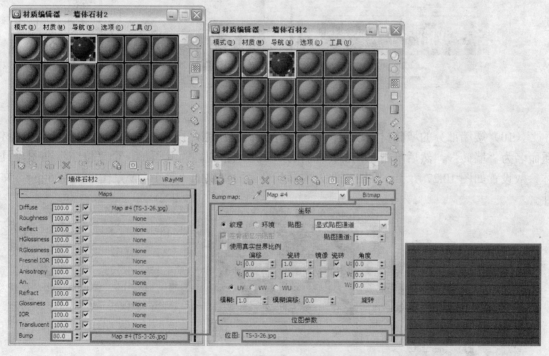

图 10.24

（8）将材质指定给物体"外墙 2"，然后对摄影机视图进行渲染，效果如图 10.25 所示。

图 10.25

（9）下面设置楼板部分的白色乳胶漆材质。选择一个空白材质球，设置为 VRayMtl 材质，并将材质命名为"白色乳胶漆"，具体参数设置如图 10.26 所示。将材质指定给物体"楼板"。

图 10.26

（10）矮墙部分的墙砖材质设置。选择一个空白材质球，设置为 VRayMtl 材质，并将材质命名为"墙砖"，然后单击 Diffuse 右侧的贴图通道按钮，为其添加一个"位图"贴图，具体参数设置如图 10.27 所示。贴图文件为本书配套素材提供的"第 10 章\贴图\SC-3-26.jpg"文件。

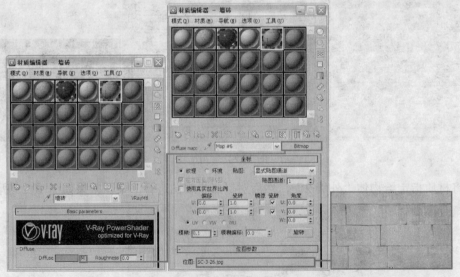

图 10.27

（11）返回 VRayMtl 材质层级，进入 Maps 卷展栏，为 Bump 贴图通道添加一个"位图"贴图，具体参数设置如图 10.28 所示。贴图文件为本书配套素材提供的"第 10 章\贴图\SC-3-26.jpg"文件。

（12）将材质指定给物体"矮墙"，然后对摄影机视图进行渲染，效果如图 10.29 所示。

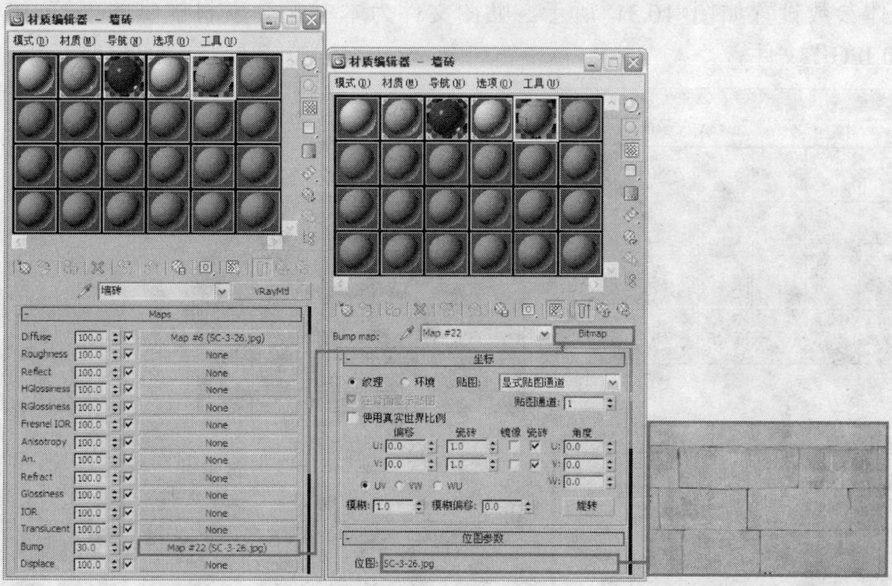

图 10.28

图 10.29

（13）场景地面材质设置。选择一个空白材质球，设置为 VRayMtl 材质，并将材质命名为"地面"，然后单击 Diffuse 右侧的贴图通道按钮，为其添加一个"位图"贴图，具体参数设置如图 10.30 所示。贴图文件为本书配套素材提供的"第 10 章\贴图\DM-3-260.JPG"文件。

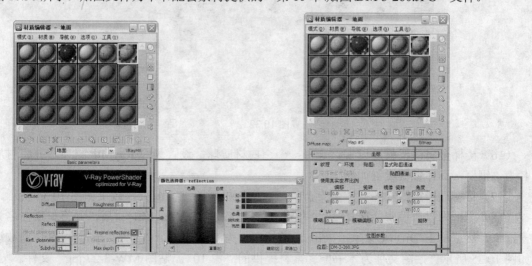

图 10.30

（14）返回 VRayMtl 材质层级，进入 Maps 卷展栏，为 Bump 贴图通道添加一个"位图"贴图，具体参数设置如图 10.31 所示。贴图文件为本书配套素材提供的"第 10 章\贴图\DM-3-260.JPG"文件。

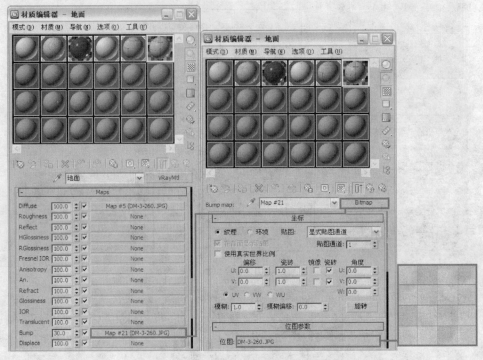

图 10.31

（15）将材质指定给物体"地面"，然后对摄影机视图进行渲染，效果如图 10.32 所示。

图 10.32

（16）楼梯金属框架材质设置。选择一个空白材质球，设置为 VRayMtl 材质，并将材质命名为"钢"，具体参数设置如图 10.33 所示。

（17）将材质指定给物体"框架"，然后对摄影机视图进行渲染，效果如图 10.34 所示。

（18）窗框木材质设置。选择一个空白材质球，设置为 VRayMtl 材质，并将材质命名为"窗框"，然后单击 Diffuse 右侧的贴图通道按钮，为其添加一个"位图"贴图，具体参数设置如图 10.35 所示。贴图文件为本书配套素材提供的"第 10 章\贴图\MW-3-27.jpg"文件。

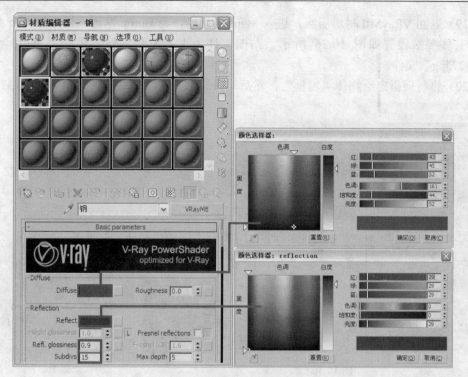

图 10.33

图 10.34

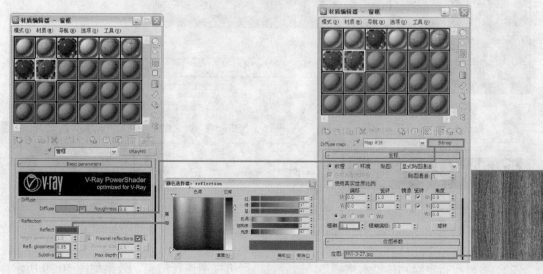

图 10.35

（19）返回 VRayMtl 材质层级，进入 Maps 卷展栏，为 Bump 贴图通道添加一个"位图"贴图，具体参数设置如图 10.36 所示。贴图文件为本书配套素材提供的"第 10 章\贴图\MW-3-27.jpg"文件。

（20）将材质指定给物体"窗框"，然后对摄影机视图进行渲染，效果如图 10.37 所示。

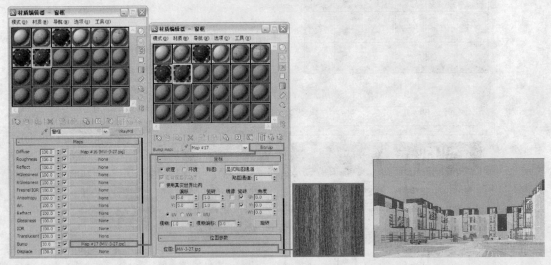

图 10.36   图 10.37

（21）木格栅材质设置。选择一个空白材质球，设置为 VRayMtl 材质，并将材质命名为"木格栅"，具体参数设置如图 10.38 所示。

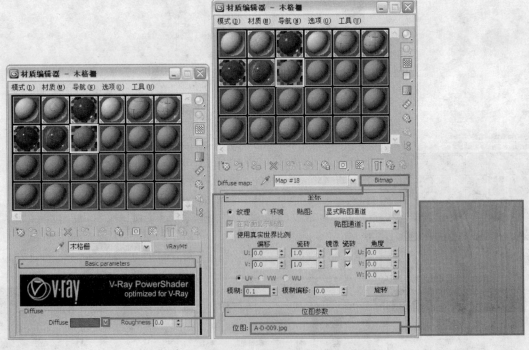

图 10.38

（22）将材质指定给物体"木格栅"，然后对摄影机视图进行渲染，效果如图 10.39 所示。

图 10.39

（23）窗玻璃材质设置。选择一个空白材质球，设置为 VRayMtl 材质，并将材质命名为"窗玻璃"，然后单击 Diffuse 右侧的贴图通道按钮，为其添加一个"位图"贴图，具体参数设置如图 10.40 所示。贴图文件为本书配套素材提供的"第 10 章\贴图\sky-tj.jpg"文件。

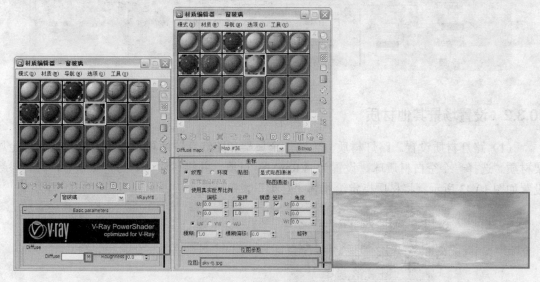

图 10.40

（24）返回 VRayMtl 材质层级，单击 Reflect 右侧的贴图通道按钮，为其添加一个"衰减"贴图，具体参数设置如图 10.41 所示。

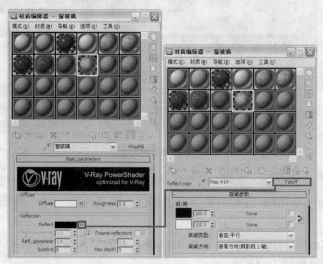

图 10.41

（25）返回 VRayMtl 材质层级，单击 Refract 右侧的贴图通道按钮，为其添加一个"衰减"贴图，具体参数设置如图 10.42 所示。最后将材质指定给物体"窗玻璃"。

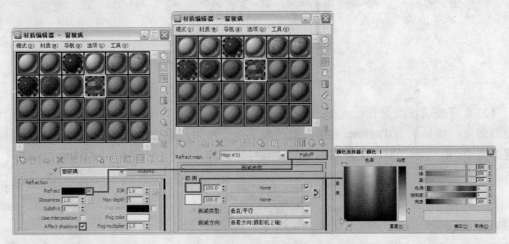

图 10.42

10.3.2　设置场景其他材质

（1）路灯材质设置。路灯材质分为路灯金属架和路灯灯罩两种材质，首先设置路灯金属架材质。选择一个空白材质球，设置为 VRayMtl 材质，并将材质命名为"黑铁"，具体参数设置如图 10.43 所示。将材质指定给物体"灯架"。

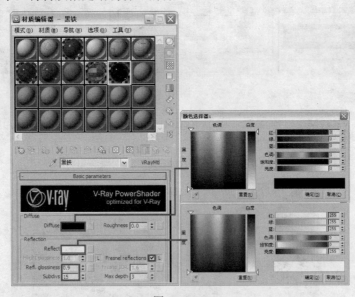

图 10.43

（2）路灯灯罩材质设置。选择一个空白材质球，设置为 VRayMtl 材质，并将材质命名为"灯罩"，然后单击 Diffuse 右侧的贴图通道按钮，为其添加一个"输出"贴图，具体参数设置如图 10.44 所示。

（3）返回 VRayMtl 材质层级，单击 Reflect 右侧的贴图通道按钮，为其添加一个"衰减"贴图，具体参数设置如图 10.45 所示。

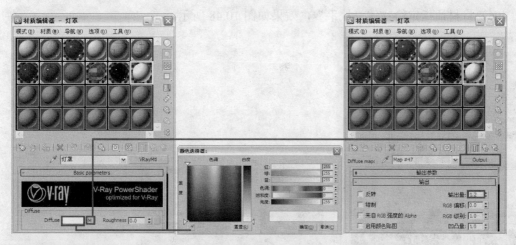

图 10.44

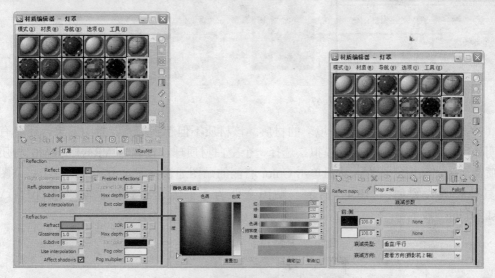

图 10.45

（4）将材质指定给物体"灯罩"，效果如图 10.46 所示。

图 10.46

（5）扶手金属材质设置。选择一个空白材质球，设置为 VRayMtl 材质，并将材质命名为"金属"，具体参数设置如图 10.47 所示。

（6）将材质指定给物体"扶手"，效果如图 10.48 所示。

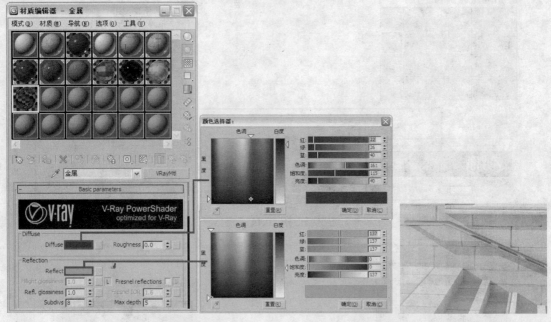

图 10.47 　　　　　　　　　　　　　　　　图 10.48

（7）最后设置物体"半球环境"的材质。该材质不但起到场景背景的效果，还会有一定的照明作用，可以看做环境光的模拟。选择一个空白材质球，设置为 VRayLightMtl 材质，并将材质命名为"天空贴图"，然后单击 Color 右侧的贴图通道按钮，为其添加一个"位图"贴图，具体参数设置如图 10.49 所示。贴图文件为本书配套素材提供的"第 10 章\贴图\180-sky-tj.jpg"文件。

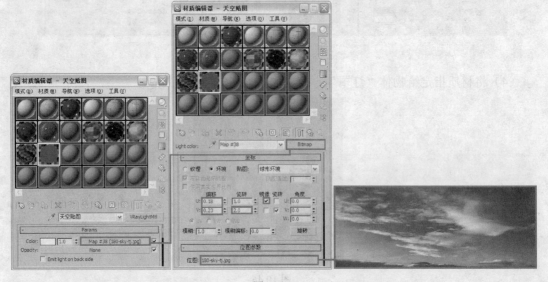

图 10.49

（8）返回 VRayLightMtl 材质层级，为材质添加 VRayMtlWrapper（VRay 材质包裹），具体参数设置如图 10.50 所示。

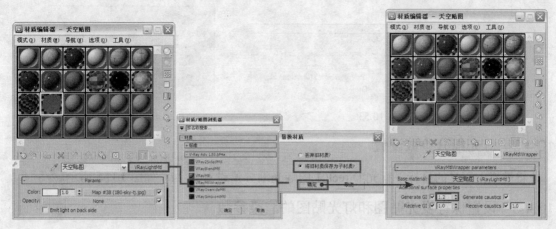

图 10.50

（9）将材质指定给物体"半球环境"，效果如图 10.51 所示。

图 10.51

至此，场景的灯光测试和材质设置都已经完成，下面将对场景进行最终渲染设置。

10.4 最终渲染设置

10.4.1 最终测试灯光效果

场景中材质设置完毕后需要对场景进行渲染，观察此时的场景效果。对摄影机视图进行渲染，效果如图 10.52 所示。

图 10.52

观察渲染效果可以发现场景整体有点暗，下面通过调整场景曝光参数来提高场景亮度，如图 10.53 所示。再次渲染，效果如图 10.54 所示。

观察渲染效果，场景光线不需要再调整，接下来设置最终渲染参数。

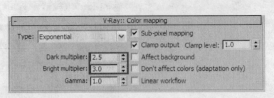

图 10.53

图 10.54

10.4.2　灯光细分参数设置

将模拟太阳光的目标平行光 Direct01 的灯光细分值设置为 24，如图 10.55 所示。

10.4.3　设置保存发光贴图和灯光贴图的渲染参数

在前面章节中已经多次讲解保存发光贴图和灯光贴图的方法，这里不再赘述，只对渲染级别设置进行讲解。

（1）单击 Indirect illumination（间接照明）选项卡，在"V-Ray::Irradiance map（发光贴图）"卷展栏中进行参数设置，如图 10.56 所示。

（2）在 V-Ray::Light cache（灯光缓存）卷展栏中进行参数设置，如图 10.57 所示。

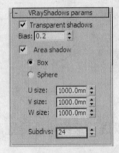

图 10.55

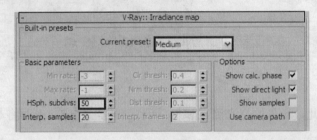

图 10.56

（3）单击 Settings（设置）选项卡，在 V-Ray::DMC Sample（准蒙特卡罗采样器）卷展栏中设置参数，如图 10.58 所示。

图 10.57

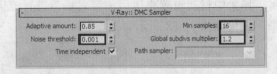

图 10.58

（4）渲染级别设置完毕，最后设置保存发光贴图和灯光贴图的参数并进行渲染即可。

10.4.4　最终成品渲染

最终成品渲染的参数设置如下。

（1）首先设置出图尺寸。当发光贴图和灯光贴图计算完毕后，在"渲染设置"对话框的"公用"选项卡中设置最终渲染图像的输出尺寸，如图 10.59 所示。

（2）单击 V-Ray 选项卡，在 V-Ray::Image sampler(Antialiasing)（抗锯齿采样）卷展栏中设置抗锯齿和过滤器，如图 10.60 所示。

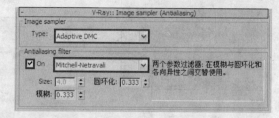

图 10.59   图 10.60

（3）最终渲染完成的效果如图 10.61 所示。

图 10.61

10.4.5 通道图渲染

为了方便在 Photoshop 中进行后期处理，下面还需要为场景渲染一张通道文件，具体方法如下。

（1）首先在"材质编辑器"中选择一个空白材质球，设置为 VRayMtl 材质，并将材质的 Diffuse 颜色设置成纯黑色，参数设置如图 10.62 所示。

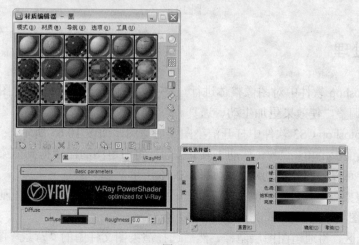

图 10.62

（2）用上面制作的纯黑色材质替代场景所有物体的材质。按 F10 键打开"渲染设置"对话框，进入 V-Ray 选项卡，在 V-Ray::Global switches（全局开关）卷展栏中勾选 Override mtl 前的复选框，然后进入"材质编辑器"对话框中，将刚刚设置好的黑色材质的材质球拖到 Override mtl 右侧的 None 材质通道按钮上，并以"实例"方式进行关联复制，具体参数设置如图 10.63 所示。

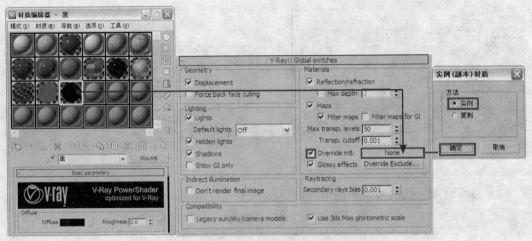

图 10.63

（3）将物体"半球环境"隐藏，并将场景中的灯光关闭或者删除，然后对摄影机视图进行渲染，通道效果如图 10.64 所示。

图 10.64

10.5 后期处理

下面在 Photoshop 软件中对图像整体进行一些必要的修饰，最后还要对图像亮度、对比度以及饱和度进行调整，使效果更加生动、逼真。

（1）在 Photoshop CS3 软件中打开渲染图及通道图，如图 10.65 所示。

（2）在工具面板上单击 ✛（移动工具）按钮，将通道图的图像拖到渲染图的图像上，拖动时按住 Shift 键可以使图像自动对齐，如图 10.66 所示。

（3）选择渲染图文件，在工具面板上单击 ✎（魔棒工具）按钮，选择刚刚拖动进来的通道图图层，选中图层中的黑色部分，如图 10.67 所示。

（4）保持选区，将通道图图层隐藏，然后选择渲染图文件中的"背景"图层，按"Ctrl+J"组合键将选区中的图像部分复制分离到一个新的图层中，如图 10.68 所示。

图 10.65

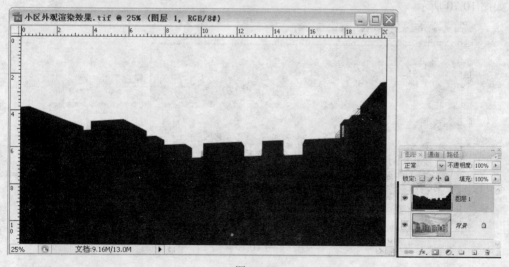

图 10.66

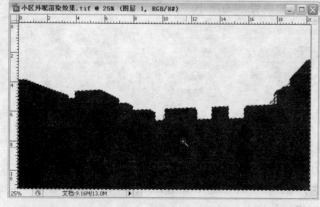

图 10.67

图 10.68

（5）下面为整幅画面添加配景。首先在建筑物后面添加一些背景树，这样会使画面更有层次感。打开本书配套素材提供的"第 10 章\小区外观素材贴图.psd"文件，选择素材文件中的"背景树"图层，如图 10.69 所示。

图 10.69

（6）将素材中的"背景树"图层拖到渲染图文件中的"图层 2"下方，并调整其位置及大小，如图 10.70 所示。

图 10.70

（7）选择分离出来的"图层 2"图层，执行"图像"|"调整"|"亮度/对比度"命令，在弹出的"亮度/对比度"对话框中进行参数设置，如图 10.71 所示。

图 10.71

（8）下面在建筑物前添加一些配景。打开素材文件，将素材文件中的"植物 1"图层拖到渲染图文件中的"图层 2"图层上方，位置及大小如图 10.72 所示。

（9）在图像的另一侧添加植物，将素材文件中的"植物 2"图层拖到渲染图文件中的"植物 1"图层上方，位置及大小如图 10.73 所示。

图 10.72

图 10.73

（10）为图像添加阳光的光晕效果。在"植物 2"图层上方新建一个图层，将其命名为"光晕"，按"Shift+F5"组合键打开"填充"对话框，用黑色对"光晕"图层进行填充，如图 10.74 所示。

图 10.74

（11）执行"滤镜"|"渲染"|"镜头光晕"命令，在弹出的"镜头光晕"对话框中进行参数设置，如图 10.75 所示。

图 10.75

（12）适当旋转和移动"光晕"图层，然后将其图层混合模式更改为"滤色"，效果如图 10.76 所示。

图 10.76

（13）继续为图像添加配景。将素材文件中的"植物 3"图层拖到渲染图文件中"光晕"图层上方，并调整其位置及大小，如图 10.77 所示。

图 10.77

（14）为地面添加树的阴影。将素材文件中的"阴影"图层拖到渲染图文件中"植物 3"图层上方，位置及大小如图 10.78 所示。

图 10.78

（15）为了使画面更加生动，下面为图像天空部分添加一些飞翔的鸟。将素材文件中的"鸟1"、"鸟 2"及"鸟 3"图层拖到渲染图文件中"阴影"图层上方，大小及位置如图 10.79 所示。

图 10.79

（16）按"Shift+Ctrl+E"组合键将所有图层合并，将通道图层删除，然后在"图层"调板中将"背景"图层拖到调板下方的 ⬛ （创建新图层）按钮上，这样就会复制出一个副本图层，如图 10.80 所示。

（17）对复制出来的副本图层执行"滤镜"|"模糊"|"高斯模糊"命令，在弹出的"高斯模糊"对话框中进行参数设置，如图 10.81 所示。

图 10.80

图 10.81

（18）将副本图层的混合模式设置为"柔光"，将"不透明度"设置为 40%，如图 10.82 所示。

图 10.82

（19）按"Shift+Ctrl+E"组合键合并可见图层，对图像进行锐化处理。执行"滤镜"|"锐化"|"USM 锐化"命令，参数设置如图 10.83 所示。最终效果如图 10.84 所示。

图 10.83

图 10.84

第11章 建筑外观

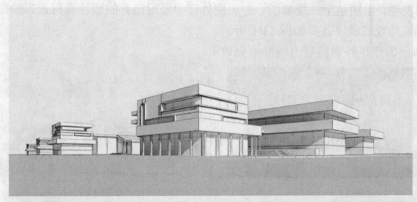

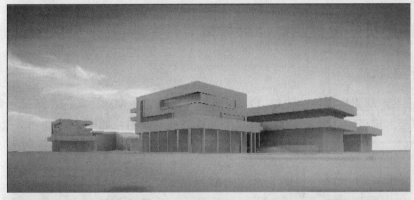

11.1 建筑外观空间简介

本章案例详细讲解了一个建筑外观空间的表现方法，该场景采用人视角度进行渲染，后期并没有采用写实的方法进行制作，而是将人物填充为白色半透明状，使场景中的建筑更加突出。对于外观场景的表现，后期是至关重要的，在后期处理中采用已有的照片素材处理画面会使效果更加逼真。建筑外观的最终效果如图 11.1 所示。

如图 11.2 所示为建筑外观模型的线框渲染效果。

图 11.1   图 11.2

11.2 架设摄影机并设置测试渲染参数

11.2.1 架设摄影机

（1）打开本书配套素材提供的"第 11 章\建筑外观源文件.Max"文件，这是一个商业建筑外观的场景模型，场景中材质相同的部分已经被塌陷或者成组，如图 11.3 所示。

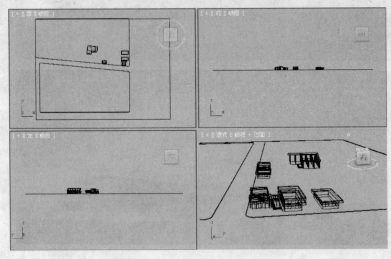

图 11.3

（2）首先要确定摄影机的角度。观察场景后，我们决定在顶视图右下角创建目标摄影机，如图 11.4 所示。

（3）接下来对摄像机进行角度调节和参数设置。在前视图中把摄影机及其目标点向上移动，摄影机目标点位置高于摄影机高度，然后在透视图中按 C 键切换至摄影机视图，如图 11.5 所示。

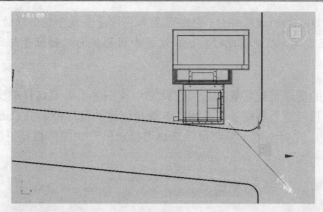

图 11.4

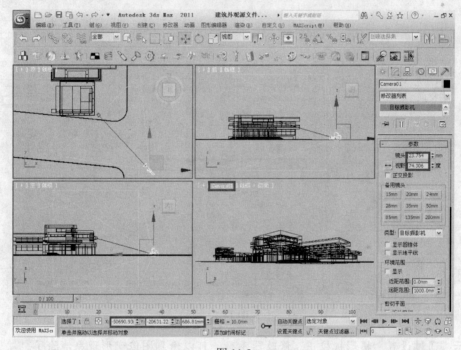

图 11.5

（4）因为摄影机位置与其目标点高度不同，使图像产生了一些变形，如图 11.6 所示。

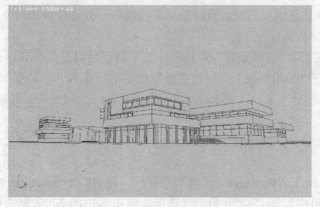

图 11.6

提示：仔细观察建筑物的边缘部分，会发现原本应该是垂直于地面的边缘部分变得倾斜了，其实这样的变形是正常的，跟现实比较接近，这是由摄影机的起始位置与目标点高度不同造成的。

（5）虽然这样的变形是正常现象，但在此例中我们并不需要这样的变形，这就需要使用 3ds Max 中的"摄影机校正"功能了。在场景中选择创建的目标摄影机 Camera01，单击菜单栏中的"修改器"菜单，在弹出的下拉菜单中选择"摄影机" | "摄影机校正"选项，参数设置如图 11.7 所示。

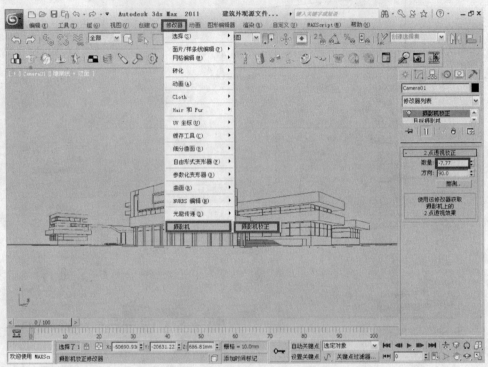

图 11.7

提示：通过设置"摄影机校正"修改器参数，可以看到图像变形现象消除了。

11.2.2 设置测试渲染参数

因为场景比较大，所以在前期需要以低质量的渲染参数进行测试渲染，这样可以节省渲染时间。

（1）按 F10 键打开"渲染设置"对话框，渲染器已经设置为 V-Ray Adv 1.50.SP4a，单击"公用"选项卡，在"公用参数"卷展栏中设置较小的图像尺寸，如图 11.8 所示。

（2）单击 V-Ray 选项卡，在 V-Ray::Global switches（全局开关）卷展栏中进行参数设置，如图 11.9 所示。

（3）在 V-Ray::Image sampler（Antialiasing）（抗锯齿采样）卷展栏中进行参数设置，如图 11.10 所示。

（4）打开 V-Ray::Environment（环境）卷展栏，在 GI Environment (skylight)override（环境天光覆盖）选项组中勾选 On（开启）复选框，单击其中的 None 贴图按钮，在弹出的"材质/贴图浏览器"对话框中选择"位图"贴图，参数设置如图 11.11 所示。贴图文件为本书配套素材提供的"第 11 章\贴图\sky.jpg"文件。

图 11.8　　　　　　　　　　　　　　　　　　　　图 11.9

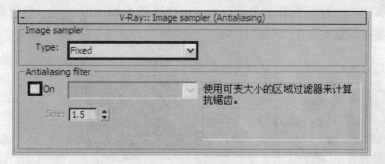

图 11.10

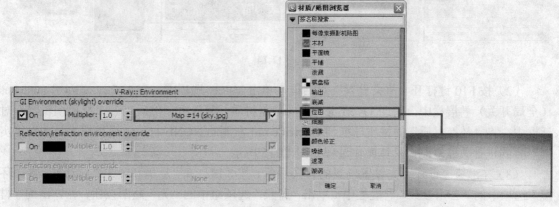

图 11.11

（5）进入 Indirect illumination（间接照明）选项卡，在 V-Ray::Indirect illumination（GI）（间接照明）卷展栏中进行参数设置，如图 11.12 所示。

（6）在 V-Ray::Irradiance map（发光贴图）卷展栏中进行参数设置，如图 11.13 所示。

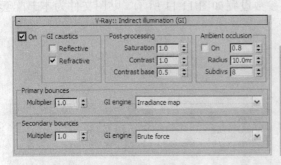

图 11.12

图 11.13

11.3 灯光测试

11.3.1 设置材质替代并进行天光测试

为了方便观察布光效果，首先创建一个白色材质来替代模型材质。

（1）按 M 键打开"材质编辑器"对话框，选择一个空白材质球，单击 `Standard` （标准）按钮，在弹出的"材质/贴图浏览器"对话框中选择 VRayMtl 材质，将材质命名为"替换材质"，具体参数设置如图 11.14 所示。

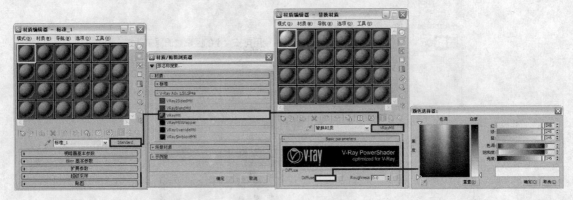

图 11.14

（2）按 F10 键打开"渲染设置"对话框，单击 V-Ray 选项卡，在 V-Ray::Global switches（全局开关）卷展栏中，勾选 Override mtl（覆盖材质）复选框，然后进入"材质编辑器"对话框中，将"替换材质"的材质球拖到 Override mtl 右侧的 NONE 材质通道按钮上，并以"实例"方式进行关联复制，具体操作过程如图 11.15 所示。

（3）在渲染之前还要先设置场景的背景颜色。按 8 键打开"环境和效果"对话框，在"环境"选项卡的"公用参数"卷展栏中，单击"背景"选项组中的"无"贴图按钮，在弹出的"材质/贴图浏览器"对话框中选择"位图"贴图，参数设置如图 11.16 所示。贴图文件为本书配套素材提供的"第 11 章\贴图\sky.jpg"文件。

（4）对摄影机视图进行渲染，此时渲染效果如图 11.17 所示。

注意：从图中可以看出场景已经有了大概的明暗关系，下面会继续为场景添加必要的灯光以丰富场景的细节。

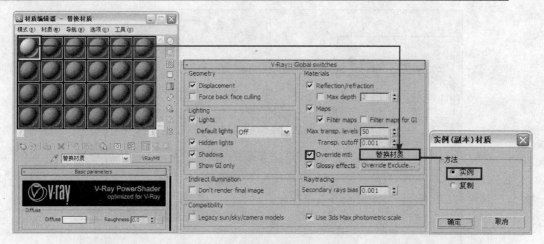

图 11.15

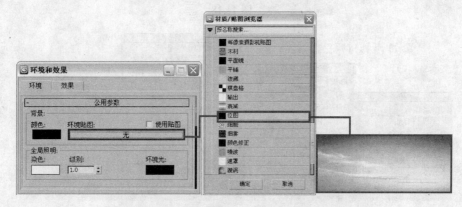

图 11.16

图 11.17

11.3.2　布置灯光

本例主要表现日光照射效果，使用 VRay 天光模拟环境天光，使用目标平行光模拟阳光。

（1）单击 ☀ （创建）按钮进入"创建"命令面板，再单击 ⬙ （灯光）按钮，在下拉列表中选择"标准"灯光，单击 目标平行光 按钮，在场景中创建一盏目标平行光作为主光源，位置如图 11.18 所示。

（2）对于主光源，必须打开它的阴影。在视图中选中刚创建的目标平行光 Direct01，进入"修改"命令面板，在"常规参数"卷展栏中开启阴影，并将阴影类型设置为 VRayShadow，参数设置如图 11.19 所示。

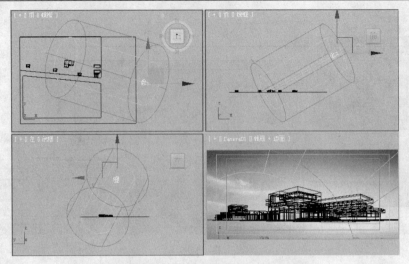

图 11.18

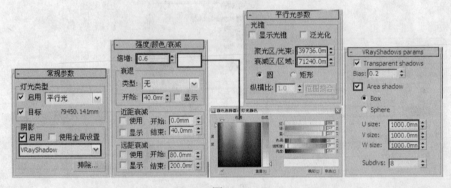

图 11.19

（3）此时渲染效果如图 11.20 所示。

图 11.20

11.4 设置场景材质

（1）首先制作场景中的路面材质。按 M 键打开"材质编辑器"对话框，选择一个空白材质球，单击 Standard （标准）按钮，在弹出的"材质/贴图浏览器"对话框中选择 VRayMtl 材质类型，将材质命名为"路面"，参数设置如图 11.21 所示。

（2）在场景中选择物体"路面"，单击 （将材质指定给选定对象）按钮，将材质指定给物体"路面"。对摄影机视图进行渲染，效果如图 11.22 所示。

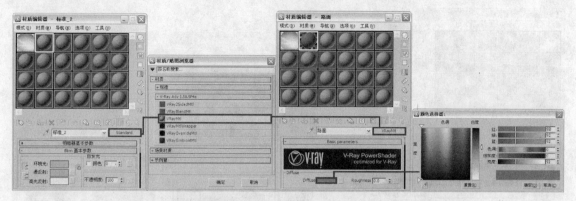

图 11.21

图 11.22

（3）下面制作路沿部分的材质。按 M 键打开"材质编辑器"对话框，选择一个空白材质球，设置为 VRayMtl 材质类型，将材质命名为"路沿"，参数设置如图 11.23 所示。将材质指定给物体"路沿"。

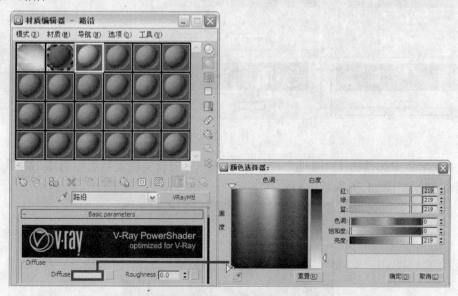

图 11.23

（4）下面制作草地材质。按 M 键打开"材质编辑器"对话框，选择一个空白材质球，设置为 VRayOverrideMtl（VRay 覆盖材质）材质类型，将材质命名为"草地"，单击 Base material 右侧的 NONE 材质通道按钮，在弹出的"材质/贴图浏览器"对话框中选择 VRayMtl 材质类型，参数设置如图 11.24 所示。

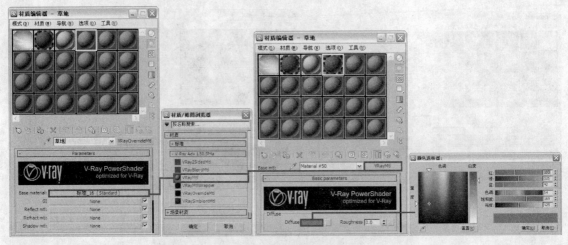

图 11.24

（5）返回 VRayOverrideMtl 材质层级，单击 GI 右侧的 NONE 材质通道按钮，在弹出的"材质/贴图浏览器"对话框中选择 VRayMtl 材质类型，参数设置如图 11.25 所示。

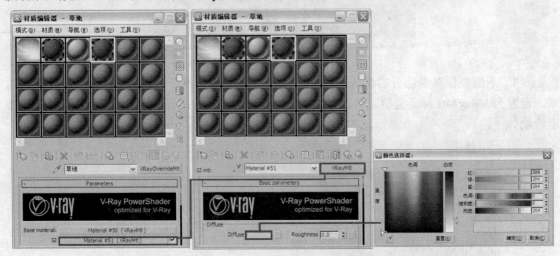

图 11.25

（6）在场景中选择物体"草地"，单击 按钮，将材质指定给选中物体。对摄影机视图进行渲染，效果如图 11.26 所示。

图 11.26

（7）下面制作建筑的外墙部分材质，外墙材质以水泥板为主。按 M 键打开"材质编辑器"对话框，选择一个空白材质球，设置为 VRayMtl 材质类型，将材质命名为"水泥板"，单击 Diffuse 右侧的贴图按钮，在弹出的"材质/贴图浏览器"对话框中选择"位图"贴图，具体参数设置如图 11.27 所示。贴图文件为本书配套素材提供的"第 11 章\贴图\素实混凝土 copy.1.jpg"文件。

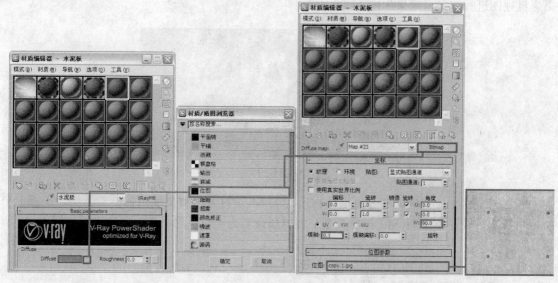

图 11.27

（8）返回 VRayMtl 材质层级，进入 Maps 卷展栏，将 Diffuse 右侧的贴图按钮拖到 Bump 右侧的 NONE 贴图按钮上，在弹出的"复制（实例）贴图"对话框中选择"实例"方式进行关联复制，如图 11.28 所示。

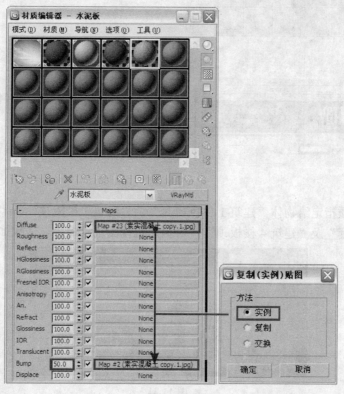

图 11.28

（9）在场景中选择物体"建筑 1 水泥墙体"、"建筑 2 水泥墙体"、"建筑 3 水泥墙体"、"建筑 4 水泥墙体"及"建筑 5 水泥顶棚及台阶"，单击 按钮，将材质指定给以上物体。对摄影机视图进行渲染，效果如图 11.29 所示。

图 11.29

（10）下面制作窗框架部分的墙体材质。按 M 键打开"材质编辑器"对话框，选择一个空白材质球，设置为 VRayMtl 材质类型，将材质命名为"白色涂料"，参数设置如图 11.30 所示。

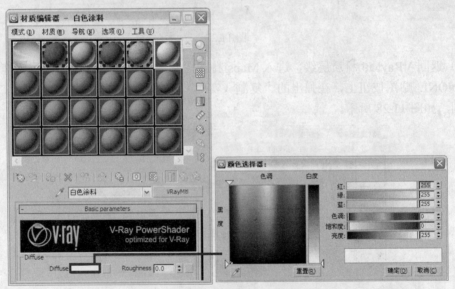

图 11.30

（11）将材质指定给物体"建筑 1 白色窗套"、"建筑 1 楼板顶"、"建筑 2 楼板顶"、"建筑 4 白色窗套"及"建筑 4 楼板顶"，对摄影机视图进行渲染，效果如图 11.31 所示。

图 11.31

（12）下面制作建筑的柱子材质。按 M 键打开"材质编辑器"对话框，选择一个空白材质球，设置为 VRayMtl 材质类型，将材质命名为"柱子"，单击 Diffuse 右侧的贴图按钮，在弹出的"材质/贴图浏览器"对话框中选择"位图"贴图，参数设置如图 11.32 所示。贴图文件为本书配套素材提供的"第 11 章\贴图\con002.jpg"文件。

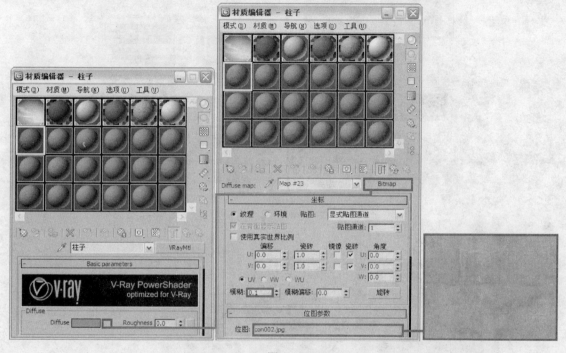

图 11.32

（13）将材质指定给物体"建筑 1 柱子"及"建筑 5 柱子"，对摄影机视图进行渲染，效果如图 11.33 所示。

图 11.33

（14）下面制作镂空金属板材质。按 M 键打开"材质编辑器"对话框，选择一个空白材质球，设置为 VRayMtl 材质类型，将材质命名为"镂空金属板"，参数设置如图 11.34 所示。

（15）进入 Maps 卷展栏，单击 Opacity 右侧的 NONE 贴图按钮，在弹出的"材质/贴图浏览器"对话框中选择"位图"贴图，参数设置如图 11.35 所示。贴图文件为本书配套素材提供的"第 11 章\贴图\镂空.jpg"文件。

（16）将材质指定给物体"建筑 1 镂空金属板"、"建筑 2 镂空金属板"及"建筑 4 镂空金属板"，对摄影机视图进行渲染，效果如图 11.36 所示。

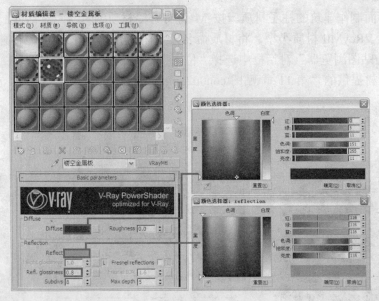

图 11.34

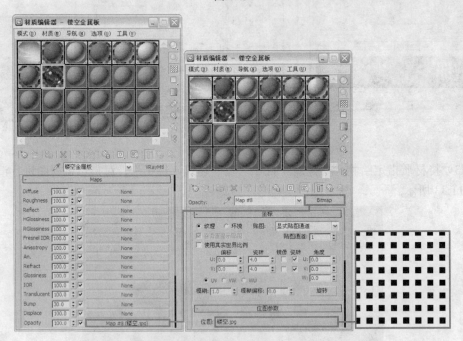

图 11.35

图 11.36

（17）下面制作楼板底面的材质。按 M 键打开"材质编辑器"对话框，选择一个空白材质球，设置为 VRayMtl 材质类型，将材质命名为"楼板底"，单击 Diffuse 右侧的贴图按钮，在弹出的"材质/贴图浏览器"对话框中选择"位图"贴图，参数设置如图 11.37 所示。贴图文件为本书配套素材提供的"第 11 章\贴图\隔栅灯-1.jpg"文件。

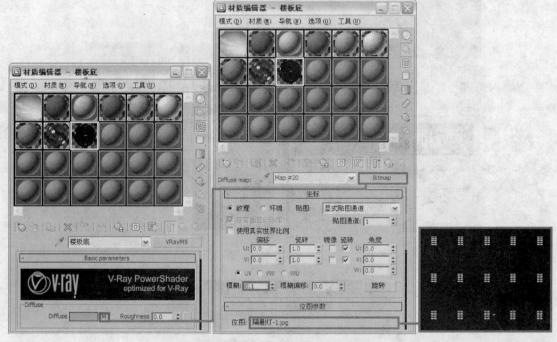

图 11.37

（18）将材质指定给物体"建筑 1 楼板底"、"建筑 2 楼板底"及"建筑 4 楼板底"，对摄影机视图进行渲染，效果如图 11.38 所示。

图 11.38

（19）下面制作窗框材质。按 M 键打开"材质编辑器"对话框，选择一个空白材质球，设置为 VRayMtl 材质类型，将材质命名为"窗框"，参数设置如图 11.39 所示。

（20）将材质指定给物体"建筑 1 窗框"、"建筑 2 窗框"、"建筑 3 窗框"及"建筑 4 窗框"，对摄影机视图进行渲染，效果如图 11.40 所示。

（21）下面制作窗玻璃材质。按 M 键打开"材质编辑器"对话框，选择一个空白材质球，设置为 VRayMtl 材质类型，将材质命名为"玻璃"，单击 Diffuse 右侧的贴图按钮，在弹出的"材质/贴图浏览器"对话框中选择"位图"贴图，参数设置如图 11.41 所示。贴图文件为本书配套素材提供的"第 11 章\贴图\ZH-T-04.JPG"文件。

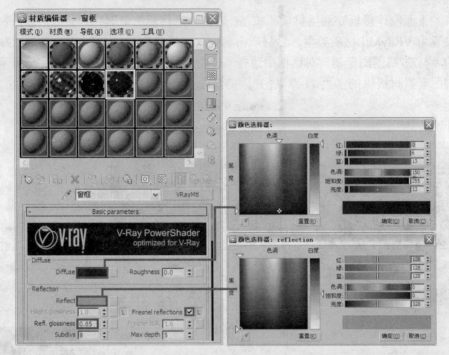

图 11.39

图 11.40

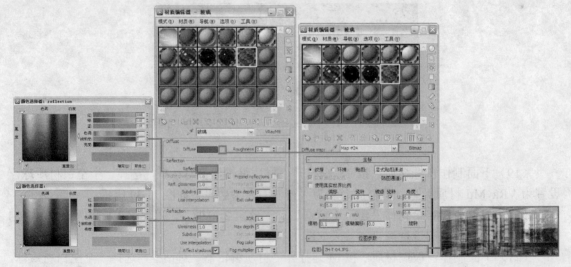

图 11.41

（22）将材质指定给物体"建筑 1 窗玻"、"建筑 2 窗玻"、"建筑 3 窗玻"、"建筑 4 窗玻"及"建筑 5 玻璃墙"，对摄影机视图进行渲染，效果如图 11.42 所示。

图 11.42

（23）经过上面的步骤，场景的材质已经制作完毕，此时画面左侧显得有些空旷，下面选中建筑 4 部分的所有物体，如图 11.43 所示。

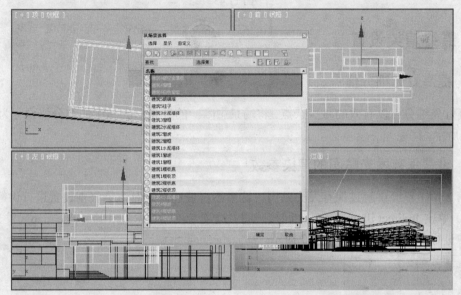

图 11.43

（24）将选中的物体成组为"建筑 4"，然后在顶视图中关联复制出两组，位置如图 11.44 所示。

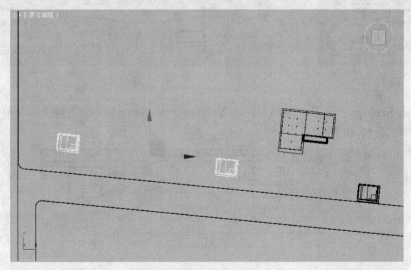

图 11.44

（25）此时对摄影机视图进行渲染，效果如图 11.45 所示。

图 11.45

11.5   最终渲染设置

11.5.1   提高灯光细分值

提高灯光细分可以有效的减少杂点。将场景中唯一的灯光 Direct01 的细分值设置为 32，如图 11.46 所示。

11.5.2   设置保存发光贴图的渲染参数

在第 2 章中已经讲解过保存发光贴图，这里不再赘述，只对渲染级别设置进行讲解。

（1）单击 Indirect illumination（间接照明）选项卡，在 V-Ray::Irradiance map（发光贴图）卷展栏中进行参数设置，如图 11.47 所示。

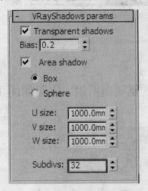

图 11.46

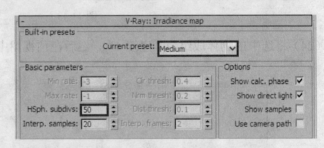

图 11.47

（2）单击 Settings（设置）选项卡，在 V-Ray::DMC Sample（准蒙特卡罗采样器）卷展栏中设置参数，如图 11.48 所示。

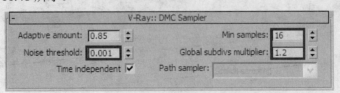

图 11.48

（3）渲染级别设置完毕，最后设置保存发光贴图的参数并进行渲染即可。

11.5.3　最终成品渲染

最终成品渲染的参数设置如下。

（1）首先设置出图尺寸。当发光贴图和灯光贴图计算完毕后，在"渲染设置"对话框的"公用"选项卡中设置最终渲染图像的输出尺寸，如图 11.49 所示。

（2）单击 V-Ray 选项卡，在 V-Ray::Image sampler(Antialiasing)（抗锯齿采样）卷展栏中设置抗锯齿和过滤器，如图 11.50 所示。

图 11.49

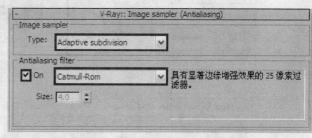

图 11.50

（3）对摄影机视图进行渲染，将渲染结果保存为 TGA 格式的文件，这样便于后期处理，最终渲染效果如图 11.51 所示。

图 11.51

11.5.4　通道图渲染

（1）为了便于后期处理时将建筑的各个部分分离，这里还要渲染一张通道图。方法是：将场景的各个材质设置为 3ds Max 默认的标准材质，将漫反射颜色设置为一种纯色，注意相邻材质间色差尽量大一些，否则在后期分离时会不容易选择，如图 11.52 所示。

（2）按 F10 键打开"渲染设置"对话框，在"公用"选项卡的"指定渲染器"卷展栏中设置渲染器为"默认扫描线渲染器"，如图 11.53 所示。

（3）进入"渲染器"选项卡中，取消"贴图"和"阴影"选项前复选框的勾选状态，如图 11.54 所示。

（4）对摄影机视图进行渲染，将渲染结果保存为 TGA 格式的文件，渲染效果如图 11.55 所示。

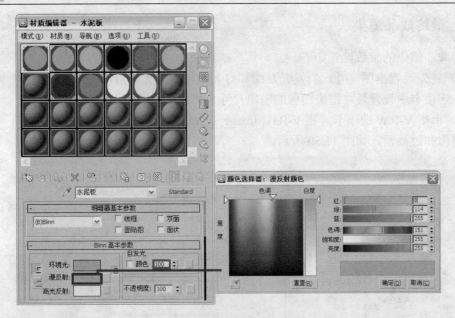

图 11.52

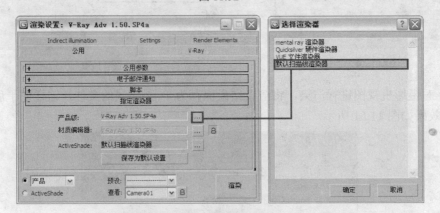

图 11.53

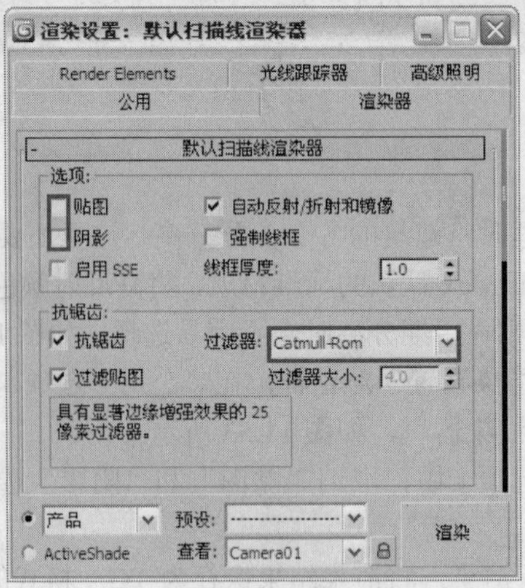

图 11.54

图 11.55

11.6 后期处理

11.6.1 初步处理

下面对渲染出来的图像进行初步的处理。

（1）启动 Photoshop CS3，打开前面渲染出来的效果图文件和通道图文件，如图 11.56 所示。

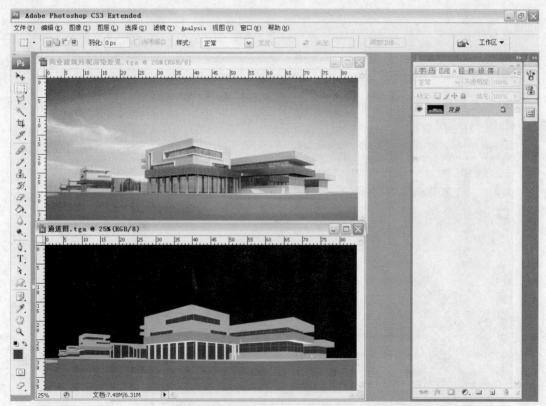

图 11.56

（2）选择"商业建筑外观渲染效果.tga"文件，单击工具面板中的"矩形框选工具"或按快捷键 M，在窗口中单击鼠标右键，然后选择"载入选区"命令，在弹出的"载入选区"对话框中单击"确定"按钮后，可以看到效果图中的地面和建筑部分被选中了，接下来按"Ctrl+J"组合键，这样就可以把建筑部分与背景天空分离了，将图层命名为"建筑部分"，如图 11.57 所示。

图 11.57

（3）通过同样的方法将通道图文件的建筑部分与背景分离，并命名分离出来的图层为"通道"，如图 11.58 所示。

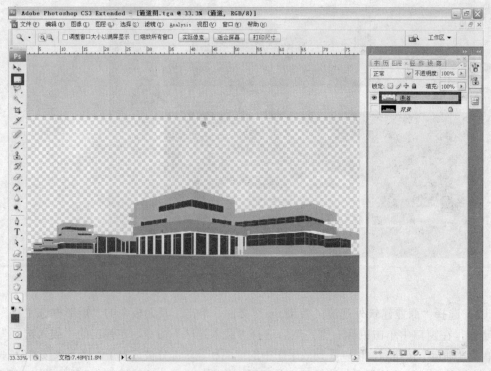

图 11.58

（4）选择通道图文件中的"通道"图层，同时按住"Ctrl+Shift"组合键，把"通道"图层拖到"商业建筑外观渲染效果"文件中，如图 11.59 所示。

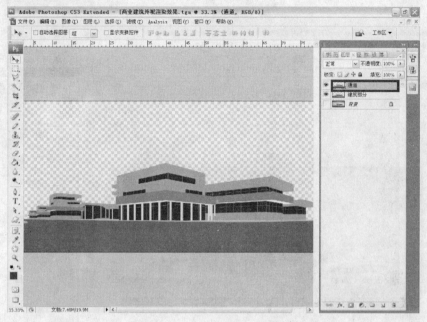

图 11.59

（5）在工具面板中选择"魔棒工具"，在"通道"图层中选择其中一种颜色，然后返回"建筑部分"图层，按"Ctrl+J"组合键，这样效果图中具有相同材质的部分被复制到一个新的图层中，将新图层命名为与 3ds Max 中材质相同的名字。利用这个方法把效果图中各个具有相同材质的部分分别复制到一个新的图层中，然后更改图层名称，如图 11.60 所示。

图 11.60

（6）下面对画面整体进行重新构图，此时建筑下方的地面部分所占比例有些大，我们可以适当地将其裁减掉。单击工具面板中的"裁减工具"，然后在画面中选择如图 11.61 所示部分。

图 11.61

（7）画面被裁剪后的效果如图 11.62 所示。

图 11.62

（8）下面为场景添加地面，渲染出来的地面只是一个简单的颜色填充物，所以我们要用比较真实的素材来替代它。打开素材文件，将其拖到"玻璃"图层上方，并命名为"路面"，适当修改其大小使其适应地面部分大小，如图 11.63 所示。素材文件为本书配套素材提供的"第11 章\素材\地面.psd"文件。

（9）此时建筑上的玻璃的反射过于简单和单调，所以我们要为它添加一些细节。打开素材文件，将其拖到"玻璃"图层上方，并命名为"玻璃反射"，如图 11.64 所示。素材文件为本书配套素材提供的"第 11 章\素材\ZH-T-04.JPG"文件。

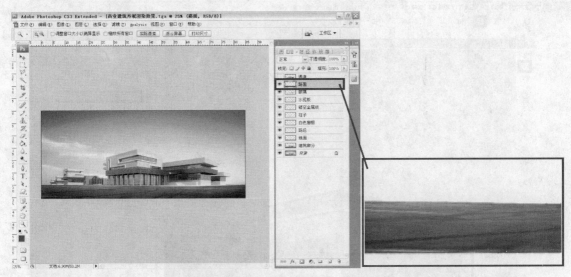

图 11.63

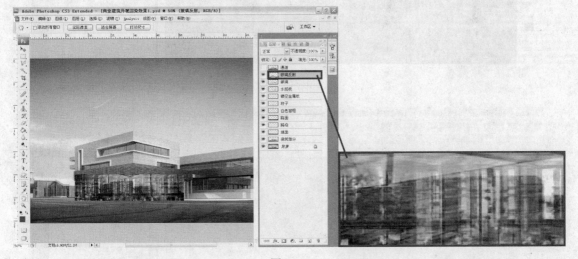

图 11.64

（10）通过"通道"图层把窗玻璃部分选中，然后选择"矩形选框工具"，选择方式设置为"与选区交叉"，框选建筑 1 下面的玻璃部分，如图 11.65 所示。

（11）返回"玻璃反射"图层，单击"图层"调板下方的"添加图层蒙版"按钮，这时候会发现"玻璃反射"图层的图像只剩下选区内的内容，然后设置图层的不透明度为 33%，如图 11.66 所示。

11.6.2 添加配景

下面开始为画面添加一些必要的配景。

（1）首先添加离我们较远的配景，此场景配景多以树为主。打开素材文件，将其拖到"背景"图层上面，并命名为"背景树"，调整其位置并适当修改不透明度，如图 11.67 所示。素材文件为本书配套素材提供的"第 11 章\素材\背景树.psd"文件。

图 10.65

图 11.66

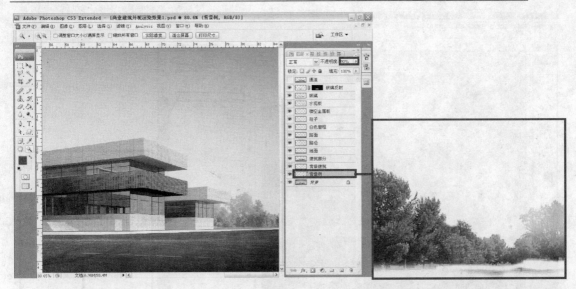

图 11.67

（2）下面在画面的另外一边添加配景。打开素材文件，将其拖到"背景"图层上面，命名图层为"背景建筑"，位置如图 11.68 所示。素材文件为本书配套素材提供的"第 11 章\素材\配楼.psd"文件。

图 11.68

（3）下面添加离画面更近一些的配景，添加配景一般都会按照由远至近、近实远虚的原则进行。打开素材文件，将其拖到"通道"图层下面，并命名图层为"树 1"，修改其大小并修改不透明度，如图 11.69 所示。素材文件为本书配套素材提供的"第 11 章\素材\树 1.psd"文件。

（4）继续添加配景树。继续调用上面用过的素材文件，将其摆放到画面中适当位置，注意大小，如图 11.70 所示。

图 11.69

图 11.70

（5）继续添加配景树，这次换成另一种树，只用一种树会让画面看上去很单调。打开素材文件，将其拖到"树 1"图层下面，将图层命名为"树 8"，并缩放其大小，位置如图 11.71所示。素材文件为本书配套素材提供的"第 11 章\素材\树 3．psd"文件。

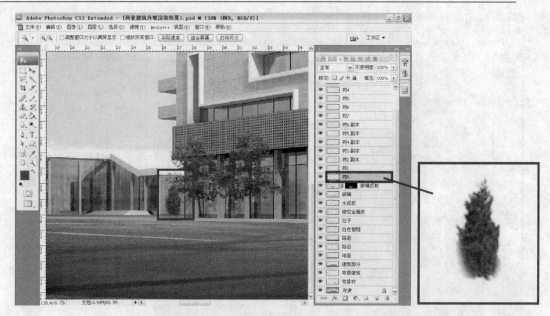

图 11.71

（6）复制上面添加的配景树到画面中，如图 11.72 所示。

图 11.72

（7）为靠近玻璃的树添加玻璃的反射效果。选择靠近玻璃的树的图层，将其复制到靠近玻璃的图层的位置，利用上面为玻璃添加反射的方法制作树在玻璃上的反射效果，如图 11.73 所示。

图 11.73

（8）将画面中所有靠近玻璃的树都添加完玻璃反射后，效果如图 11.74 所示。

图 11.74

（9）将"路面"图层拖到"通道"图层下面，在"路面"图层下面新建一层，将其命名为"雾"，利用"渐变工具"在画面的两边添加一些雾的效果，如图 11.75 所示。

图 11.75

（10）下面为画面添加一些人物，让画面生动一些。打开素材文件，拖到合适位置，缩放大小使其适应整个画面，并适当修改不透明度，如图 11.76 所示。素材文件为本书配套素材提供的"第 11 章\素材\人.psd"文件。

图 11.76

（11）此时感觉画面还是有些空旷，我们可以在画面左边再添加一棵树作为配景。打开素材文件，将其拖到"通道"图层下面，将图层命名为"树 9"，位置及大小如图 11.77 所示。素材文件为本书配套素材提供的"第 11 章\素材\树 2.psd"文件。

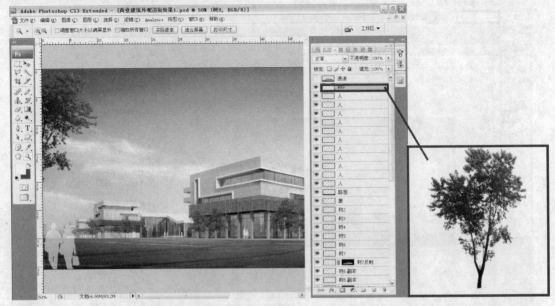

图 11.77

（12）合并可见图层并对文件进行存盘，还要另存为一个 JPG 格式副本文件。打开保存的副本文件，下面会在副本文件上进行整体的调整，如图 11.78 所示。

图 11.78

（13）复制"背景"图层，然后调整复制出来的副本图层的混合模式为"滤色"，调整"不透明度"为 30%，如图 11.79 所示。

图 11.79

（14）将图层合并，然后继续复制出一个副本图层，对复制出来的图层执行"滤镜"|"模糊"|"高斯模糊"命令，参数设置如图 11.80 所示。

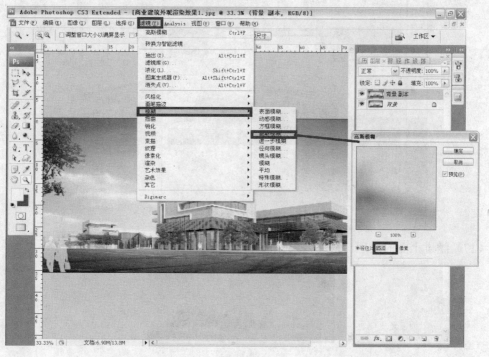

图 11.80

（15）将复制出来的"背景副本"图层的图层混合模式设置为"柔光"，"不透明度"设置为 30%，如图 11.81 所示。

图 11.81

（16）将图层合并，然后执行"滤镜"|"锐化"|"USM 锐化"命令，参数设置如图 11.82 所示。

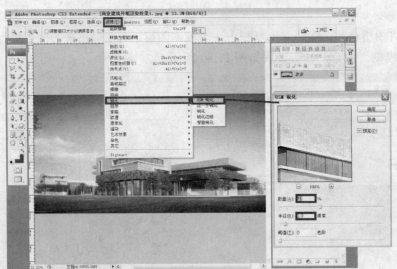

图 11.82

（17）经过上面的处理，最终效果如图 11.83 所示。

图 11.83

反侵权盗版声明

电子工业出版社依法对本作品享有专有出版权。任何未经权利人书面许可，复制、销售或通过信息网络传播本作品的行为；歪曲、篡改、剽窃本作品的行为，均违反《中华人民共和国著作权法》，其行为人应承担相应的民事责任和行政责任，构成犯罪的，将被依法追究刑事责任。

为了维护市场秩序，保护权利人的合法权益，我社将依法查处和打击侵权盗版的单位和个人。欢迎社会各界人士积极举报侵权盗版行为，本社将奖励举报有功人员，并保证举报人的信息不被泄露。

举报电话：（010）88254396；（010）88258888

传　　真：（010）88254397

E-mail:　　dbqq@phei.com.cn

通信地址：北京市万寿路 173 信箱

　　　　　电子工业出版社总编办公室

邮　　编：100036